碳达峰背景下
煤炭采掘行业
环境风险排查及案例分析

狄雅肖　傅　尧　李晓星　著

TANDAFENG BEIJINGXIA
MEITAN CAIJUE HANGYE
HUANJING FENGXIAN PAICHA JI ANLI FENXI

中国环境出版集团·北京

图书在版编目（CIP）数据

碳达峰背景下煤炭采掘行业环境风险排查及案例分析 / 狄雅肖，傅尧，李晓星著 . —北京：中国环境出版集团，2022.7
ISBN 978-7-5111-5411-8

Ⅰ.①碳… Ⅱ.①狄…②傅…③李… Ⅲ.①煤矿开采—环境管理—风险管理—研究—中国 Ⅳ.① X752

中国版本图书馆 CIP 数据核字（2022）第 248003 号

出 版 人　武德凯
责任编辑　田　怡
封面设计　光大印艺

出版发行　中国环境出版集团
　　　　　（100062　北京市东城区广渠门内大街 16 号）
　　　　　网　　　址：http://www.cesp.com.cn
　　　　　电子邮箱：bjgl@cesp.com.cn
　　　　　联系电话：010-67112765（编辑管理部）
　　　　　　　　　　010-67112739（第六分社）
　　　　　发行热线：010-67125803，010-67113405（传真）
印　　刷　玖龙（天津）印刷有限公司
经　　销　各地新华书店
版　　次　2022 年 7 月第 1 版
印　　次　2022 年 7 月第 1 次印刷
开　　本　787×960　1/16
印　　张　11.25
字　　数　149 千字
定　　价　66.00 元

中国环境出版集团郑重承诺：
中国环境出版集团合作的印刷单位、材料单位均具有我国环境标志产品认证。

著作委员会 ——

主要著者　狄雅肖　　傅 尧　　李晓星

参与著者（按姓氏笔画排序）

文玉成　　史菲菲　　刘菁钧

杨建霞　　但智刚　　张 歌

欧阳朝斌　庞 博　　胡冬雪

徐怡珊

前 言
PREFACE

　　2020年9月，国家主席习近平在第七十五届联合国大会一般性辩论上郑重宣布：我国二氧化碳排放力争于2030年前达到峰值，努力争取2060年前实现碳中和。实现"双碳"目标是一场广泛而深刻的变革，不是轻轻松松就能实现的，涉及价值观念、产业结构、能源体系、消费模式等诸多层面的复杂系统工程，必须进一步强化风险意识、底线思维，坚持处理好减污降碳和能源安全、产业链、供应链安全、粮食安全、群众正常生活的关系，有效应对绿色低碳转型可能伴随的经济、金融、社会等风险，防止过度反应，确保安全降碳。

　　当前，我国产业结构偏重，能源结构偏煤，需要处理好发展和减排的关系，减排不是减生产力，也不是不排放，而是要走生态优先、绿色低碳发展道路，在经济发展中促进绿色转型、在绿色转型中实现更大发展。

　　"十四五"时期，我国生态文明建设进入了以降碳为重点战略方向、推动减污降碳协同增效、促进经济社会发展全面绿色转型、实现生态环境质量改善由量变到质变的关键时期，综合考虑中央环保督察内容以及国家相关法律法规、部门规章制度要求，结合习近平生态文明思想、党中央、国务院生态文明建设和生态环境保护决策部署、生态环保法规及制度要求和落实情况，基于煤炭开采行业对环境造成影响的特征，从生态环境保护

和循环经济绿色发展的角度，以解决地方和企业需求为抓手，以为部委及地方政府提供技术支撑为目标，探索行业清洁生产和绿色发展新模式，为企业项目运行可能造成的污染和生态环境影响开展"把脉"式诊断，为企业提供环境问题诊断和解决方案供应，最大限度地降低企业环境风险，加强环境风险管控，打造一套"双碳"背景下煤炭行业环境风险排查模式。

本书共分八章，由中国环境科学研究院狄雅肖、傅尧、李晓星著，具体分工为：第 1 章的作者为傅尧、狄雅肖，第 2 章的作者为刘菁钧、文玉成，第 3 章的作者为庞博、张歌，第 6 章的作者为李晓星，第 4 章、第 5 章、第 7 章及第 8 章的作者为狄雅肖，全书由狄雅肖修订定稿。

本书在编制过程中，得到许多行业前辈、同仁的帮助，在出版过程中，得到了中国环境出版集团有关领导的高度重视和支持，赵惠芬编辑和其他相关工作人员为本书的出版付出了辛勤的劳动，在此一并致以深深的谢意。

由于编著者的知识范围和学术水平有限，书中难免有不完善之处，敬请读者批评指正。

著者

2022 年 7 月

目 录

CONTENTS

4 蒙东地区煤炭行业污染物排放特征

8 问题清单、建议与责任认定 ▬

1

背 景

在全面深化改革、实现中华民族伟大复兴中国梦的进程中，生态环境工作面临新的更大的机遇和挑战，环境问题一直受到党中央、国务院的高度重视。习近平总书记十分重视生态环境保护，党的十八大以来多次对生态文明建设作出重要指示，在不同场合反复强调"绿水青山就是金山银山""像保护眼睛一样保护生态环境，像对待生命一样对待生态环境"。党的十九大报告强调，实行最严格的生态环境保护制度，建设生态文明是中华民族永续发展的千年大计，功在当代、利在千秋。

党的十九届五中全会深入分析了我国发展环境面临的深刻复杂变化，明确强调，当前和今后一个时期，我国发展仍然处于重要战略机遇期。当今世界新一轮科技革命和产业变革深入发展，国际力量对比深刻调整，和平与发展仍然是时代主题，人类命运共同体理念深入人心，我国在全球抗疫中作为负责任大国的感召力和影响力显著上升。同时，我国已转向高质量发展阶段，制度优势显著，治理效能提升，经济长期向好，物质基础雄厚，人力资源丰富，市场空间广阔，发展韧性强劲，社会大局稳定，继续发展具有多方面优势和条件。

1.1 "十四五"强调深入打好污染防治攻坚战

2020 年 10 月，《中共中央关于制定国民经济和社会发展第十四个五年规划和二〇三五年远景目标的建议》中明确提出，要深入打好污染防治攻坚战；提升生态系统质量和稳定性；坚持山水林田湖草系统治理，构建以国家公园为主体的自然保护地体系；强化河湖长制，加强大江大河和重要湖泊湿地生态保护治理；科学推进荒漠化、石漠化、水土流失综合治理，开展大规模国土绿化行动，推行林长制。完善自然保护地、生态保护红线监管制度，开展生态系统保护成效监测评估。

环境法治体系亦日臻完善，新修订的《中华人民共和国环境保护法》《中华人民共和国大气污染防治法》均已付诸实施，大气、水、土壤污染防治思路日趋清晰，标准要求更为严格，为全面改善环境质量提高环境服务奠定了基础。

1.2　中央生态环保督察压实生态环境保护责任

中央生态环保督察是我国实施的一项生态文明领域的重大改革措施。2015 年开始试点，到 2018 年已经实现了 31 个省级行政区及新疆生产建设兵团的例行督察全覆盖，另外，也对 20 个省级行政区开展了"回头看"以及专项督察，2019 年进入第二轮例行督察，对 6 个省市和两个央企进行生态环保督察。2020 年 8 月底开始，启动了第二轮第二批中央环保督察，本轮次督察立足服务"六稳""六保"工作大局，重点关注企业的环境守法和落实生态环境社会责任等情况。

《中央生态环境保护督察工作规定》第十五条，中央生态环境保护例行督察的内容包括：

（一）学习贯彻落实习近平生态文明思想以及贯彻落实新发展理念、推动高质量发展情况；

（二）贯彻落实党中央、国务院生态文明建设和生态环境保护决策部署情况；

（三）国家生态环境保护法律法规、政策制度、标准规范、规划计划的贯彻落实情况；

（四）生态环境保护党政同责、一岗双责推进落实情况和长效机制建设情况；

（五）突出生态环境问题以及处理情况；

（六）生态环境质量呈现恶化趋势的区域流域以及整治情况；

（七）对人民群众反映的生态环境问题立行立改情况；

（八）生态环境问题立案、查处、移交、审判、执行等环节非法干预，以及不予配合等情况；

（九）其他需要督察的生态环境保护事项。

中央生态环保督察推动了习近平生态文明思想的贯彻落实；全国上上下下对生态环境保护的重视程度、责任意识，和过去相比发生了根本性变化，同时也推动了党政同责、一岗双责大环保体系的构建。

1.3 碳达峰将纳入中央生态环保督察

2020 年 9 月 22 日，国家主席习近平在第七十五届联合国大会一般性辩论上宣布：中国将提高国家自主贡献力度，采取更加有力的政策和措施，二氧化碳排放力争于 2030 年前达到峰值，努力争取 2060 年前实现碳中和。

力争 2030 年前"碳达峰"、2060 年前"碳中和"目标的确定，体现了我国作为发展中大国推动绿色低碳转型的雄心与力度，体现了努力构建人类命运共同体的责任与担当。一般来说，GDP 的增长会产生能源消耗、排放温室气体，如果单位 GDP 产生的温室气体不变，那么 GDP 越高，碳排放总量就会一直在增长。这些年，我国一直在提高能源使用效率，扩大使用绿色能源，单位 GDP 碳排放量在不断下降。如果单位 GDP 排放量的下降幅度大于 GDP 增长速度，碳排放的总量就不会再增长，这个拐点就是碳排放峰值，即"碳达峰"。

达到峰值后，碳排放虽然不再增加，但峰值本身依然很高，每年的排放量还是很多，要把排放从高位降下来，就需要通过植树造林、二氧化碳捕集等方式，把排放的温室气体给吸收掉，实现排放和吸收相抵消，即"碳中和"。

实现碳中和的目标，需要推动全社会的绿色低碳转型和制度、技术创新，采取节能措施、提高能效，优化能源结构、发展可再生能源和氢能，调整产业结构、促进工业升级，推动绿色建筑、绿色智能交通和电力及氢能源汽车，建设低碳智慧城市、发展循环经济和生态农业，提高资源利用率、推动"低碳""零碳""负碳"技术创新，发展绿色金融、建立配套的经济政策，运行完善碳价机制、增加森林碳汇和多方面的政策行动等。

生态环境部明确将持续部署开展碳排放达峰行动，达峰行动有关工作将纳入中央生态环保督察。

未来推进环境保护工作过程中，平衡经济发展和环境保护的关系变得尤为重要。中国环境科学研究院清洁生产与循环经济研究中心以预防为主、防治结合、清洁生产、全过程控制的现代环境管理思想和循环经济理念为指导，密切结合项目工程特点和所在区域的环境特征，在区域总体发展规划和环境功能区划的总原则下，以科学的态度、实事求是的精神和严肃认真的工作作风，结合典型煤炭采掘企业案例及中央生态环保督察与"回头看"整改帮扶工作相关要求，开展煤矿环境风险排查研究，探索完善煤炭采掘行业环境风险排查体系，为煤炭采掘企业环境管理工作和生态环境主管部门的环境管理工作提供技术支持。

2

环境风险排查概述

2.1　总体目标

根据环境风险排查类项目的环境污染特点，在对项目工程特征、环境现状进行分析的基础上，根据国家、地方以及企业内部（集团总部）的有关法律法规、发展规划，分析其项目运营是否符合国家的产业政策和区域发展规划，生产工艺过程是否符合清洁生产和环境保护政策；对项目建成后可能造成的污染和生态环境影响的范围与程度进行评估；分析项目排放的各类污染物是否达标排放、是否满足总量控制的要求；对目前已采取的环境保护措施进行评估，针对现存环境问题提出经济和布局合理的最佳污染防治方案和生态环境减缓、恢复、补偿措施；从生态环境保护和循环经济绿色发展的角度提出会诊建议，为煤炭采掘行业企业环境管理提供科学依据。

2.2　工作流程

认真研究国家和地方有关环保法律法规、产业政策，结合中央生态环保督察与帮扶工作相关要求，以预防为主、防治结合、清洁生产、全过程控制的现代环境管理思想和循环经济理念为指导，密切结合项目工程特点和所在区域的环境特征，在区域总体发展规划和环境功能区划的总原则下，以科学的态度、实事求是的精神和严肃认真的工作作风开展本次煤炭采掘行业企业环境风险排查工作。

主要会诊内容包括学习贯彻落实习近平生态文明思想以及贯彻落实新

发展理念、推动高质量发展情况；贯彻落实党中央、国务院生态文明建设和生态环境保护决策部署情况；国家生态环境保护法律法规、政策制度、标准规范、规划计划的贯彻落实情况；生态环境保护党政同责、一岗双责推进落实情况和长效机制建设情况；突出生态环境问题以及处理情况；生态环境质量呈现恶化趋势的区域、流域以及整治情况；对人民群众反映的生态环境问题立行立改情况；生态环境问题立案、查处、移交、审判、执行等环节非法干预，以及不予配合等情况及其他需要督察的生态环境保护事项。

2.3　方案依据

2.3.1　法律法规

①《中华人民共和国环境保护法》（2014 年 4 月 24 日）；

②《中华人民共和国环境影响评价法》（2018 年 12 月 29 日）；

③《中华人民共和国大气污染防治法》（2018 年 10 月 26 日）；

④《中华人民共和国水污染防治法》（2017 年 6 月 27 日）；

⑤《中华人民共和国固体废物污染环境防治法》（2020 年 4 月 29 日）；

⑥《中华人民共和国噪声污染防治法》（2021 年 12 月 24 日）；

⑦《中华人民共和国环境保护税法》（2018 年 10 月 26 日）；

⑧《中华人民共和国循环经济促进法》（2018 年 10 月 26 日）；

⑨《中华人民共和国节约能源法》（2018 年 10 月 26 日）；

⑩《中华人民共和国清洁生产促进法》（2012 年 2 月 29 日）；

⑪《中华人民共和国土壤污染防治法》（2018 年 8 月 31 日）；

⑫《中华人民共和国放射性污染防治法》（2003 年 6 月 8 日）；

⑬《中华人民共和国土地管理法》（2019 年 8 月 26 日）

⑭《中华人民共和国水土保持法》（2010 年 12 月 25 日）；

⑮《中华人民共和国突发事件应对法》（2007 年 8 月 30 日）。

2.3.2　行政法规

①《建设项目环境保护管理条例》（2017 年 7 月 16 日）；

②《建设项目环境影响评价分类管理名录》（2021 年版）；

③《建设项目环境风险评价技术导则》（HJ 169—2018）；

④《中华人民共和国基本农田保护条例》（2011 年 1 月 8 日）；

⑤《中华人民共和国土地复垦条例》（2011 年 3 月 5 日）；

⑥《国家危险废物名录》（2021 年版）。

2.3.3　部门规章

①《国务院办公厅转发环境保护部等部门关于推进大气污染联防联控工作改善区域空气质量指导意见的通知》（国办发〔2010〕33 号，2010 年 5 月 11 日）；

②《国务院关于落实科学发展观加强环境保护的决定》（国发〔2005〕39 号，2005 年 12 月 3 日）；

③《国务院关于加强环境保护重点工作的意见》（国发〔2011〕35 号，2011 年 10 月 17 日）；

④《关于进一步加强生态保护工作的意见》（环发〔2007〕37 号，2007 年 3 月 15 日）；

⑤《环境保护档案管理办法》（环境保护部、国家档案局令第 43 号，2017 年 3 月 1 日起施行）；

⑥《危险废物转移联单管理办法》（国家环境保护总局令第 5 号，已废止）；

⑦《污染源自动监控设施现场监督检查办法》（环境保护部令第19号，2012年2月1日）；

⑧《环境保护主管部门实施限制生产、停产整治办法》（环境保护部令第30号，2014年12月19日）；

⑨《产业结构调整指导目录（2019年本）》（2019年10月30日）；

⑩《关于印发突发环境事件应急预案管理暂行办法的通知》（环境保护部，环发〔2010〕113号，2010年9月28日）；

⑪《突发环境事件应急管理办法》（环境保护部令第34号，2015年6月5日起施行）；

⑫《企业事业单位突发环境事件应急预案备案管理办法（试行）》（环境保护部，环发〔2015〕4号，2015年1月9日）；

⑬《煤矸石综合利用管理办法（2014年修订版）》（2015年3月1日起施行）；

⑭《排污许可管理办法（试行）》（环境保护部令第48号，2018年1月10日）；

⑮《关于做好环境影响评价制度与排污许可制衔接相关工作的通知》（环办环评〔2017〕84号）；

⑯《建设项目竣工环境保护验收暂行办法》（国环规环评〔2017〕4号）；

⑰《一般工业固体废物贮存和填埋污染控制标准》（GB 18599—2020）；

⑱《关于坚决遏制固体废物非法转移和倾倒进一步加强危险废物全过程监管的通知》（环办土壤函〔2018〕266号）；

⑲《固定污染源排污许可分类管理名录（2019年版）》（生态环境部令第11号，2019年12月20日施行）；

⑳《关于强化建设项目环境影响评价事中事后监管的实施意见》（环环评〔2018〕11 号）；

㉑《国家发展改革委　商务部关于印发〈市场准入负面清单（2020 年版）的通知》（发改体改规〔2020〕1880 号）；

㉒《关于加快煤矿智能化发展的指导意见》（发改能源〔2020〕283 号）；

㉓《关于深入推进重点行业清洁生产审核工作的通知》（2020 年 10 月 16 日）；

㉔《关于加强高耗能、高排放建设项目生态环境源头防控的指导意见》（环环评〔2021〕45 号）。

2.3.4　其他

①《中央生态环境保护督察工作规定》（2019 年 6 月 6 日起施行）；

②《关于进一步加强煤炭资源开发环境影响评价管理的指导意见》（征求意见稿，2020 年 9 月 18 日）；

③《国家危险废物名录（修订稿）》（二次征求意见稿）；

④地方环境保护相关条例；

⑤地方矿区总体规划环境影响报告书；

⑥其他相关资料。

3

国家生态文明建设相关
战略部署落实情况

2019 年 6 月，中共中央办公厅、国务院办公厅印发了《中央生态环境保护督察工作规定》。9 项督察内容中前 2 项就是：学习贯彻落实习近平生态文明思想以及贯彻落实新发展理念、推动高质量发展情况；贯彻落实党中央、国务院生态文明建设和生态环境保护决策部署情况。并且生态环境部明确将持续部署开展碳排放碳达峰行动，该行动有关工作将纳入中央生态环保督察。

3.1　生态文明思想及碳达峰相关要求落实情况

根据《中央生态环境保护督察工作规定》第十五条要求，关于生态文明思想以及碳达峰相关要求，企业仍存在以下方面亟待落实的情况，详见表 3-1。

表 3-1　生态文明思想及碳达峰相关要求落实情况

生态文明思想及碳达峰相关理论	内容	学习落实情况
生态兴则文明兴	1. 2017 年 10 月 18 日，党的十九大报告中指出，人与自然是生命共同体，人类必须尊重自然、顺应自然、保护自然。人类只有遵循自然规律才能有效防止在开发利用自然上走弯路，人类对大自然的伤害最终会伤及人类自身，这是无法抗拒的规律	× 年 × 月 × 日，由党委办公室组织召开，公司领导班子成员、专职副总师（总经理助理）、各部门负责人参加，集中学习研讨

续表

生态文明思想及碳达峰相关理论	内容	学习落实情况
生态兴则文明兴	2. 2018 年 5 月 18—19 日，习近平总书记在全国生态环境保护大会上提出，生态文明建设是关系中华民族永续发展的根本大计。中华民族向来尊重自然、热爱自然，绵延五千多年的中华文明孕育着丰富的生态文化。生态兴则文明兴，生态衰则文明衰。 3. 习近平总书记反复强调，像保护眼睛一样保护生态环境，像对待生命一样对待生态环境	×年×月×日，由党委办公室组织召开，公司领导班子成员、专职副总师（总经理助理）、各部门负责人参加，集中学习研讨
绿水青山就是金山银山	1. 习近平总书记在 2005 年 8 月浙江湖州安吉考察时提出：绿水青山就是金山银山。 2. 2013 年 9 月 7 日，国家主席习近平在哈萨克斯坦纳扎尔巴耶夫大学发表重要演讲指出：我们既要绿水青山，也要金山银山。宁要绿水青山，不要金山银山，而且绿水青山就是金山银山。我们绝不能以牺牲生态环境为代价换取经济的一时发展。 3. 2016 年 8 月，习近平总书记在青海考察时的讲话中提出，要坚持保护优先，坚持自然恢复和人工恢复相结合，从实际出发，全面落实主体功能区规划要求，使保障国家生态安全的主体功能全面得到加强。同时，指出发展循环经济是提高资源利用效率的必由之路，要牢固树立绿色发展理念，积极推动区内相关产业流程、技术、工艺创新，努力做到低消耗、低排放、高效益，让盐湖这一宝贵资源永续造福人民。 4. 2018 年 5 月 18—19 日，习近平总书记在全国生态环境保护大会上的讲话：绿水青山就是金山银山，贯彻创新、协调、绿色、开放、共享的发展理念，加快形成节约资源和保护环境的空间格局、产业结构、生产方式、生活方式，给自然生态留下休养生息的时间和空间	根据实际情况填报有无记录在案

生态文明思想及碳达峰相关理论	内容	学习落实情况
绿水青山就是金山银山	5. 2019 年 9 月 18 日，习近平总书记在黄河流域生态保护和高质量发展座谈会上的讲话中指出，要坚持绿水青山就是金山银山的理念，坚持生态优先、绿色发展，以水而定、量水而行，因地制宜、分类施策，上下游、干支流、左右岸统筹谋划，共同抓好大保护，协同推进大治理，着力加强生态保护治理、保障黄河长治久安、促进全流域高质量发展、改善人民群众生活、保护传承弘扬黄河文化，让黄河成为造福人民的幸福河	根据实际情况填报有无记录在案
良好生态环境是最普惠的民生福祉	1. 2013 年 4 月，习近平总书记在海南考察工作时指出：保护生态环境就是保护生产力，改善生态环境就是发展生产力。良好生态环境是最公平的公共产品，是最普惠的民生福祉。 2. 2015 年 7 月，习近平总书记在吉林调研时强调，要大力推进生态文明建设，强化综合治理措施，落实目标责任，推进清洁生产，扩大绿色植被，让天更蓝、山更绿、水更清、生态环境更美好。为推动良好生态环境建设，明确了方向。 3. 2019 年 9 月 18 日，习近平总书记在黄河流域生态保护和高质量发展座谈会上的讲话中指出，保护黄河是事关中华民族伟大复兴的千秋大计	根据企业情况填写落实与否，学习日期
山水林田湖草是生命共同体	1. 2013 年 11 月 9 日，习近平总书记在关于《中共中央关于全面深化改革若干重大问题的决定》的说明中指出，山水林田湖是一个生命共同体，人的命脉在田，田的命脉在水，水的命脉在山，山的命脉在土，土的命脉在树。用途管制和生态修复必须遵循自然规律，如果种树的只管种树、治水的只管治水、护田的单纯护田，很容易顾此失彼，最终造成生态的系统性破坏。山水林田湖草是生命共同体，要统筹兼顾、整体施策、多措并举，全方位、全地域、全过程开展生态文明建设	根据企业情况填写落实与否，学习日期

续表

生态文明思想及碳达峰相关理论	内容	学习落实情况
山水林田湖草是生命共同体	2. 2019年9月18日，习近平总书记在黄河流域生态保护和高质量发展座谈会上的讲话中指出，治理黄河，重在保护，要在治理。要坚持山水林田湖草综合治理、系统治理、源头治理，统筹推进各项工作，加强协同配合，推动黄河流域高质量发展。 3. 2020年5月12日，习近平总书记在听取山西省委和省政府工作汇报时的讲话中指出，要牢固树立绿水青山就是金山银山的理念，发扬"右玉精神"，统筹推进山水林田湖草系统治理，抓好"两山七河一流域"生态修复治理，扎实实施黄河流域生态保护和高质量发展国家战略。 4. 2020年11月，《中共中央关于制定国民经济和社会发展第十四个五年规划和二〇三五年远景目标的建议》中明确提出，提升生态系统质量和稳定性。坚持山水林田湖草系统治理，构建以国家公园为主体的自然保护地体系。强化河湖长制，加强大江大河和重要湖泊湿地生态保护治理。科学推进荒漠化、石漠化、水土流失综合治理，开展大规模国土绿化行动，推行林长制。完善自然保护地、生态保护红线监管制度，开展生态系统保护成效监测评估	根据企业情况填写落实与否，学习日期
实行最严格的生态环境保护制度	1. 2013年5月24日，习近平总书记在中共中央政治局第六次集体学习时强调：只有实行最严格的制度、最严密的法治，才能为生态文明建设提供可靠保障。用最严格制度最严密法治保护生态环境，加快制度创新，强化制度执行，让制度成为刚性的约束和不可触碰的高压线。 2. 2019年10月31日，在党的十九届四中全会第二次全体会议上，习近平总书记提出，要严格遵守和执行制度。制度的生命力在于执行。有的人对制度缺乏敬畏，根本不按照制度行事，甚至随意更改制度；有的人千方百计钻制度空子、打擦边球；有的人不敢也不愿意遵守制度，甚至极力逃避制度的监管，等等。因此，必须强化制度执行力，加强对制度执行的监督。 3. 2020年5月12日，习近平总书记在听取山西省委和省政府工作汇报时的讲话中提出，加快制度创新，强化制度执行	根据企业情况填写落实与否，学习日期

续表

生态文明思想及碳达峰相关理论	内容	学习落实情况
打好污染防治攻坚战，共同建设美丽中国	1. 2017 年 5 月 26 日，习近平总书记在主持中共十八届中央政治局第四十一次集体学习时强调：生态文明建设同每个人息息相关，每个人都应该作践行者、推动者。优美生态环境为全社会共同享有，需要全社会共同建设、共同保护、共同治理。 2. 2018 年 4 月 26 日，习近平总书记在深入推动长江经济带发展座谈会上的讲话中提出，要针对查找到的各类生态隐患和环境风险，按照山水林田湖草是一个生命共同体的理念，研究提出从源头上系统开展生态环境修复和保护的整体预案和行动方案，然后分类施策、重点突破，通过祛风驱寒、舒筋活血和调理脏腑、通络经脉，力求药到病除。 3. 2019 年 9 月 18 日，习近平总书记在黄河流域生态保护和高质量发展座谈会上的讲话中指出：加强生态环境保护……中游要突出抓好水土保持和污染治理。推进水资源节约集约利用。 4. 2020 年 5 月 12 日，习近平总书记在听取山西省委和省政府工作汇报时的讲话中提出，坚决打赢污染防治攻坚战，推动山西沿黄地区在保护中开发、开发中保护	根据企业情况填写落实与否，学习日期
共谋全球生态文明建设之路	1. 习近平总书记强调，人类是命运共同体，建设绿色家园是人类的共同梦想。国际社会应该携手同行，构筑尊崇自然、绿色发展的生态体系，共谋全球生态文明建设之路，保护好人类赖以生存的地球家园。 2. 2016 年 9 月 3 日，国家主席习近平在气候变化《巴黎协定》批准文书交存仪式上的致辞，中国是负责任的发展中大国，是全球气候治理的积极参与者。中国将落实创新、协调、绿色、开放、共享的发展理念，全面推进节能减排和低碳发展，迈向生态文明新时代。 3. 2018 年 5 月 18 日，习近平总书记在全国生态环境保护大会上的讲话强调，要实施积极应对气候变化国家战略，推动和引导建立公平合理、合作共赢的全球气候治理体系，彰显我国负责任大国形象，推动构建人类命运共同体	根据企业情况填写落实与否，学习日期

续表

生态文明思想及碳达峰相关理论	内容	学习落实情况
碳达峰	1. 2020 年 9 月 22 日，国家主席习近平在第七十五届联合国大会一般性辩论上的讲话以及 11 月 17 日，在金砖国家领导人第十二次会晤上的讲话中多次提出，中国将提高国家自主贡献力度，采取更加有力的政策和措施，二氧化碳排放力争于 2030 年前达到峰值，努力争取 2060 年前实现碳中和。 2. 2020 年 12 月 12 日，国家主席习近平在气候雄心峰会上通过视频发表题为《继往开来，开启全球应对气候变化新征程》的重要讲话，倡议在气候变化挑战面前，人类命运与共，单边主义没有出路。我们只有坚持多边主义，讲团结、促合作，才能互利共赢，福泽各国人民。中方欢迎各国支持《巴黎协定》、为应对气候变化作出更大贡献。中国为达成应对气候变化《巴黎协定》作出重要贡献，也是落实《巴黎协定》的积极践行者。今年 9 月，我宣布中国将提高国家自主贡献力度，采取更加有力的政策和措施，力争 2030 年前二氧化碳排放达到峰值，努力争取 2060 年前实现碳中和。 3. 中央经济工作会议 12 月 16—18 日在北京举行。会议强调做好碳达峰、碳中和工作。我国二氧化碳排放力争 2030 年前达到峰值，力争 2060 年前实现碳中和。要抓紧制定 2030 年前碳排放碳达峰行动方案，支持有条件的地方率先碳达峰。要加快调整优化产业结构、能源结构，推动煤炭消费尽早达峰，大力发展新能源，加快建设全国用能权、碳排放权交易市场，完善能源消费双控制度。要继续打好污染防治攻坚战，实现减污降碳协同效应。要开展大规模国土绿化行动，提升生态系统碳汇能力	根据企业情况填写落实与否，学习日期

3.2　国家生态文明建设相关战略部署落实情况

根据中共中央、国务院关于生态环境保护、污染治理、绿色发展等方面的指导意见精神，企业落实的情况如表 3-2 所示。

表 3-2　国家生态文明建设战略部署落实情况

国家生态文明建设战略部署	内容	学习落实情况
《中共中央　国务院关于全面加强生态环境保护坚决打好污染防治攻坚战的意见》	2018 年 6 月，《中共中央　国务院关于全面加强生态环境保护坚决打好污染防治攻坚战的意见》中提出，在能源、冶金、建材、有色、化工、电镀、造纸、印染、农副食品加工等行业，全面推进清洁生产改造或清洁化改造	根据企业情况填写落实与否，学习日期
《关于构建现代环境治理体系的指导意见》	2020 年 3 月，中共中央办公厅、国务院办公厅印发《关于构建现代环境治理体系的指导意见》提出，加大清洁生产推行力度，加强全过程管理，减少污染物排放。健全环境治理领导责任体系，深化生态环境保护督察。实行中央和省（自治区、直辖市）两级生态环境保护督察体制。以解决突出生态环境问题、改善生态环境质量、推动经济高质量发展为重点，推进例行督察，加强专项督察，严格督察整改。同时明确，健全环境治理企业责任体系，依法实行排污许可管理制度，推进生产服务绿色化，提高治污能力和水平，加强企业环境治理责任制度建设，公开环境治理信息	根据企业情况填写落实与否，学习日期

续表

国家生态文明建设战略部署	内容	学习落实情况
《中共中央、国务院关于新时代推进西部大开发形成新格局的指导意见》	2020年5月，《中共中央、国务院关于新时代推进西部大开发形成新格局的指导意见》中提出，加快推进西部地区绿色发展。……实施国家节水行动以及能源消耗总量和强度双控制度，全面推动重点领域节能减排。大力发展循环经济，推进资源循环利用基地建设和园区循环化改造，鼓励探索低碳转型路径	根据企业情况填写落实与否，学习日期
《关于新时代推进西部大开发形成新格局的指导意见》	深入实施重点生态工程。坚定贯彻绿水青山就是金山银山理念，坚持在开发中保护、在保护中开发，按照全国主体功能区建设要求，保障好长江、黄河上游生态安全。进一步加大水土保持、天然林保护、退耕还林还草、退牧还草、重点防护林体系建设等重点生态工程实施力度，……展现大美西部新面貌。 稳步开展重点区域综合治理。以汾渭平原、成渝地区、乌鲁木齐及周边地区为重点，加强区域大气污染联防联控，提高重污染天气应对能力。开展西部地区土壤污染状况详查，积极推进受污染耕地分类管理和安全利用，有序推进治理与修复	根据企业情况填写落实与否，学习日期
《中共中央关于制定国民经济和社会发展第十四个五年规划和二〇三五年远景目标的建议》	2020年11月，《中共中央关于制定国民经济和社会发展第十四个五年规划和二〇三五年远景目标的建议》中明确了"十四五"时期经济社会发展主要目标，以及到二〇三五年基本实现社会主义现代化远景目标。主要内容为： "十四五"时期经济社会发展主要目标。生态文明建设实现新进步。国土空间开发保护格局得到优化，生产生活方式绿色转型成效显著，能源资源配置更加合理、利用效率大幅提高，主要污染物排放总量持续减少，生态环境持续改善，生态安全屏障更加牢固，城乡人居环境明显改善。 到二〇三五年基本实现社会主义现代化远景目标。广泛形成绿色生产生活方式，碳排放碳达峰后稳中有降，生态环境根本好转，美丽中国建设目标基本实现	根据企业情况填写落实与否，学习日期

续表

国家生态文明建设战略部署	内容	学习落实情况
《中共中央关于制定国民经济和社会发展第十四个五年规划和二○三五年远景目标的建议》	明确提出，加快推动绿色低碳发展。强化国土空间规划和用途管控，落实生态保护、基本农田、城镇开发等空间管控边界，减少人类活动对自然空间的占用……推进清洁生产，发展环保产业，推进重点行业和重要领域绿色化改造。推动能源清洁低碳安全高效利用。同时提出，全面提高资源利用效率。……推进资源总量管理、科学配置、全面节约、循环利用。实施国家节水行动，建立水资源刚性约束制度。提高海洋资源、矿产资源开发保护水平。 再一次明确提出，推动区域协调发展。推动西部大开发形成新格局，推动东北振兴取得新突破，促进中部地区加快崛起，鼓励东部地区加快推进现代化。推动黄河流域生态保护和高质量发展。 明确提出，持续改善环境质量。继续开展污染防治行动，建立地上地下、陆海统筹的生态环境治理制度。完善环境保护、节能减排约束性指标管理。完善中央生态环境保护督察制度	根据企业情况填写落实与否，学习日期

4

蒙东地区煤炭行业
污染物排放特征

　　煤炭采掘项目对生态环境的影响主要表现为地表沉陷、水资源破坏、煤矸石堆积、水土流失、植被破坏、湿地缩减、大气和水环境污染等，具有污染和生态影响的双重特点，且不同煤炭资源富集区的自然条件差异巨大，对地表沉陷、矿井水疏排、煤矸石占地等具体影响行为也存在区域性特征，蒙东地区属于十四大煤炭基地中蒙东基地区域内，主要含煤盆地为海拉尔盆地与二连盆地，海拉尔盆地总体呈北北东－南南西向展布于西带北部，其主体部分位于内蒙古东部海拉尔－伊敏地区；二连盆地呈北北东－南南西向展布于西带南部，位于内蒙古苏尼特右旗－多伦地区；分布有扎赉诺尔、宝日希勒、伊敏、大雁、霍林河、平庄、白音华、胜利等大型矿区。

　　本章结合蒙东区内典型采煤企业案例，在简述企业基本情况、地理位置、区域概况、工程概况及项目组成等基础上，介绍煤炭采掘企业主体工程、公用工程及环保工程等情况，并根据其生产工艺，分析污染物排放特征。

4.1　工程概况

①项目名称：××矿井及选煤厂。

②建设规模：矿井设计规模 × Mt/a；配套选煤厂设计规模 × Mt/a。

③建设性质：新建。

④地理位置及交通（含交通地理位置图）：略。

⑤总平面布置（总平面布置图）：略。

4.2 工程组成

4.2.1 主体工程

××选煤厂为群矿型选煤厂，隶属于 ×× 煤炭集团洗选中心，建设规模为 3 000 万 t/a，为 ×× 煤矿、×× 一矿和 ×× 二矿共用。选煤厂工程由 3 个容量为 9 万 t 的原煤仓、5 个容量为 15 万 t 的产品仓、筛分破碎车间、重介分选系统、5 台浓缩机系统组成。

4.2.2 公用工程

4.2.2.1 给水

×× 集团 ×× 煤炭有限责任公司目前在距离本矿开采边界约 5.5 km 处已建成投产 ××× 自来水厂，该水厂主要取自 ××× 沟水，日供水能力为 3×10^4 m³，该水厂目前日均供给 ×× 煤炭分公司 2.2×10^4 m³，尚余 8 000 m³/d。根据 ×× 集团 ×× 煤炭有限责任公司文件 ×× 煤〔2005〕78 号"关于 ×× 煤炭分公司 ×× 矿建设项目指挥部用水申请的批复意见"，同意供给本项目 6 000 m³/d。可满足 ×× 矿工业场地内不足的缺少量。

4.2.2.2 排水

矿井的污、废水来源为工业场地的生活污水和生产废水。达到设计投产规模时，工业场地生活、生产污废水量为 179.22 m³/d，污废水处理后不外排，全部回用。井下排水处理后作为矿井及选煤厂生产生活用水，部分回用，部分排到 ×× 水库。×× 水库位于工业广场东南 2 km，设计储水 500 万 m³，实际 400 万 m³，基本情况就是储水，一部分供 ×× 煤矿，大部分供 ××× 人工湖。选煤厂水闭路循环不外排。

4.2.2.3 消防与洒水

以蒙东某煤矿为例，矿主斜井、回风斜井及副平硐内的井下消防与洒水来自工业场地的生产生活供水贮水池，经主斜井、回风斜井及副平硐以重力流方式输送至井下各掘进工作面。井下消防流量为 7.5 L/s。在井底车场，回采工作面的运输巷及回风巷口附近均设置 JSN50 型消火栓，在机电硐室、检修硐室等附近设置泡沫灭火器。

4.2.2.4 采暖

工业场地中行政建筑及居住建筑采用 95/70 ℃热水为采暖热媒；其他工业建筑均选用 0.2 MPa（表压）的饱和蒸汽为采暖热媒。为此，在锅炉房设置 1 台 CLBG500-14.5 波节管汽－水换热器，以制备供暖热水。选用 4 台 SZL20-1.25-A Ⅲ型蒸汽锅炉和 1 台 SZL10-1.25-A Ⅱ型蒸汽锅炉。非采暖期运行 1 台 DZL10-1.25-A 型锅炉，采暖期全部运行。××矿上的锅炉全年煤耗为 4.5 万 t，用洗选厂的产品煤。

供暖锅炉房隶属于矿业服务公司，安装了 4 台 SZL20-1.25-A Ⅲ型蒸汽锅炉和 1 台 SZL10-1.25-A Ⅱ型蒸汽锅炉，采暖期运行 3 台 SZL20-1.25-A Ⅲ型蒸汽锅炉，非采暖期运行 1 台 SZL10-1.25-A Ⅱ型锅炉，1 台 SZL20-1.25-A Ⅲ蒸汽锅炉备用。

4.2.2.5 供电

在矿井工业场地建设 1 座 110/35/10 kV 变电站，2 回 110 kV 电源线路引自该矿 220 kV 变电站。

4.2.2.6 矸石排放

在矿井生产期间，掘进矸石产生量很少，这部分不出井，直接用于充填采空区及施工措施巷，生产期间矸石用带式输送机运至矸石场。矸石场位于场地场界约 300 m 处，占地约 44.35 hm²。[①]

---

① 1 hm²≈666.667 m²

主要组成见表4-1。

表4-1　工程主要项目组成

工程	项目	选煤厂现有工程概况
主体工程	筛分破碎车间	原煤仓的煤通过给料机给料、带式输送机输送到筛分破碎车间，进行预筛分（25 mm），筛末煤（-25 mm）输送到末煤车间进行洗选。筛上品（+25 mm）输送到主厂房进行洗选加工
	主厂房（块煤重介）	通过重介浅槽进行分选，块精煤经过精煤预先脱介筛、精煤分级脱介筛，分为+50 mm的块精煤和-50 mm的末精煤。+50 mm的块精煤返回筛分破碎车间直接作为块煤产品上仓，-50 mm的末精煤进入精煤离心脱水机进一步脱水后，作为洗混煤的一部分
	加压过滤车间	选煤厂煤泥水采用浓缩、加压过滤机回收煤泥，洗煤废水实现一级闭路循环。旋流器溢流和弧形筛筛下水以及精煤离心机和煤泥离心机的离心液通过浓缩机分级，浓缩机底流进加压过滤机脱水，得到的煤泥混入洗混煤产品
	末煤车间（末煤重介）	原煤经25 mm筛子分级后，+25 mm的煤通过胶带输送机、刮板机送到主厂房分配到重介浅槽进行分选；-25 mm的煤通过胶带输送机、刮板机送至末煤车间重介旋流器进行分选，分选出的洗矸石与块煤分选出的洗矸石混合后直接运至排矸场，分选出的离心精煤及煤泥混合后与块煤系统的洗混煤混合作为最终的洗混煤产品上仓
储运工程	转载点及栈桥	1号、2号、3号转载点，钢筋混凝土框架结构，桩基础，砌体围护，现浇楼地面，现浇卷材防水屋面
	产品仓	产品存储在5座φ30 m产品仓内，单仓容量为30 000 t
	原煤仓	原煤存储在3座φ30 m的钢筋混凝土圆筒仓，单座可储煤30 000 t
	介质库	设置块煤介质库及末煤介质库，块煤、末煤两个介质系统分别进行介质回收。库房为钢筋混凝土框架结构，独立基础，砌体围护，现浇楼地面，现浇卷材防水屋面
辅助工程	浓缩池	设置3台φ35 m浓缩机，1台φ45 m浓缩机，1台φ35 m事故浓缩机。钢筋混凝土水池，半地下式，地下部分3.00 m
	循环水池	主厂房一层设置循环水池，容积均为2 000 m³，用于将浓缩池溢流及压滤机出水输送至洗选工段循环使用
配套工程	办公生活区	位于工业场地东北角，由办公楼及单身公寓、职工食堂组成，其占地面积为3.8 hm²

续表

工程	项目	选煤厂现有工程概况
公用工程	供水	矿井及选煤厂生产水源为矿井下排水，生活用水由 ××× 自来水厂提供
	供热	锅炉房一座，内设 4 台 SZL20-1.25-A Ⅲ 型蒸汽锅炉和 1 台 SZL10-1.25-A Ⅲ 型锅炉；采暖期运行 3 台 SZL20-1.25-A Ⅲ 型蒸汽锅炉，非采暖期运行 1 台 SZL10-1.25-A Ⅲ 型锅炉。均采用石灰 - 石膏湿法脱硫、袋式除尘器；烟囱高 70 m，上口直径 2.0 m
	供电	以蒙东某煤矿为例，煤矿在工业场地现有一座 110 kV 变电站，主变压器容量为 2×63 000 kVA，担负附近矿井及选煤厂的用电负荷。该矿选煤厂块煤 10 kV 配电室、选煤厂末煤 10 kV 配电室、产品仓 10 kV 变电所电源引自 110 kV 变电所不同母线段，该变电站 110 kV 侧采用双母线接线，35 kV 和 10 kV 侧采用单母线分段接线，上级电源安全可靠
环保工程	废气	在胶带机头的底皮带处加设喷雾装置，同时在起尘点设置 15 台除尘装置，有效降低了作业场所的煤尘浓度
	噪声	基础减振，室内布置，通过对落差较大的转载溜槽的底板及侧面安装抗冲击耐磨降噪胶件等措施降低噪声
	废水	生产废水：煤泥水在进入浓缩池分别加入凝聚剂、絮凝剂，经浓缩、澄清后，底流经加压过滤机、板框压滤机联合脱水后，产品直接回掺到混煤中，澄清后的溢流水，作为洗煤的循环用水，使全厂的煤泥水全部实现闭路循环
		生活污水：排入厂区自建污水处理站处理，处理规模为 6 000 m³/d，采用循环式活性污泥法（CAST）工艺，处理后生活污水全部回用于矿区的场地绿化、排矸场绿化等环节，不外排
	固废	矸石用带式输送机运至矸石场，带式输送机在工业广场内采用地下暗道输送，在上坡上采用简易廊道输送。矸石场内通过汽车运输
依托工程	铁路专用线	如有，请简述线路长度、起止位置、沿途敏感点等情况
	其他	生产、生活污水处理站或其他依托工程简介

4.3 生产工艺

4.3.1 选煤厂工艺流程

××一矿、××矿和××二矿生产的原煤在各自主井井口房内破碎到低

033

于 200 mm，然后通过各自的原煤带式输送机输送到工业场地原煤仓储存。××矿生产的原煤在井下破碎到低于 200 mm 提升至主井井口房，然后通过原煤带式输送机进入原煤储存仓储存。

原煤仓共设置 3 座直径 30.0 m 的圆筒仓，仓体储煤高度 54.5 m，单座储煤能力 30 000 t。其中两座储存××矿生产的原煤，另一座储存××一矿、××矿和××二矿生产的原煤。原煤通过给料机、带式输送机由原煤仓输送到筛分破碎车间，进行破碎预筛分（13 mm），筛末煤（＜13 mm）既可以直接输送到产品仓，又可以输送到主厂房进行洗选。筛上品（＞13 mm）既可以直接破碎与筛末煤（＜13 mm）［或洗后的末精煤（＜50 mm）］混合，输送到产品仓，又可以输送到主厂房进行洗选加工。

进入主厂房的筛块煤和筛末煤洗选加工后，产品煤为块精煤（＞50 mm）和末精煤（＜50 mm）。块精煤直接返回筛分破碎车间，既可以直接输送到块精煤产品仓，又可以通过破碎机破碎（＜50 mm）与末精煤（或筛末煤＜13 mm）混合，再由带式输送机转载输送到混煤产品仓，产品煤采用快速装车站装车系统作业。

4.3.2　主厂房内的工艺

4.3.2.1　原煤筛分破碎

原煤经缓冲储存后，由两条带式输送机输送到筛分破碎车间，根据每条带式输送机输送的煤质特征和市场情况，决定筛末煤（＜13 mm）和筛块煤（＞13 mm）是否入选。

本筛分破碎车间集原煤分级、筛块煤破碎、块精煤破碎于一体。根据煤质和市场情况，筛末煤（＜13 mm）和筛块煤（＞13 mm）如果入选，可以通过各自的带式输送机输送到主厂房，进入相应系统进行洗选加工。经洗选后，高于 50 mm 的块精煤由块精煤带式输送机输送到块精煤产品仓，还可以通过破碎机破碎由混煤带式输送机输送到混煤产品仓。低于 50 mm 的洗精煤直接返回到混煤带式输送机进入混煤产品仓。筛末煤不入选部分，可直接通过混煤带式输送机输送到混煤产品仓；筛块煤不入选部分可通过破碎机破碎由混煤带式输送机输送到混煤产品仓。

4.3.2.2 块煤系统块精煤脱水脱介

块精煤经过精煤预先脱介筛、精煤分级脱介筛，分为大于 50 mm 的块精煤和低于 50 mm 的末精煤。大于 50 mm 的块精煤返回筛分破碎车间可以直接作为块煤产品上仓，也可以破碎到 50 mm 以下后作为洗混煤进入洗混煤产品仓。低于 50 mm 的末精煤进入精煤离心脱水机进一步脱水后，作为洗混煤的一部分。

4.3.2.3 末煤系统末精煤脱水脱介

末精煤经过精煤预先脱介筛、精煤分级脱介筛，进入精煤离心脱水机进一步脱水后，作为洗混煤的一部分。

4.3.2.4 矸石脱水脱介

块、末两系统的洗矸石分别通过矸石脱介筛脱水、脱介后，作为最终矸石，不再进一步脱水。

4.3.2.5 介质回收

块、末两个介质系统分别进行介质回收。

4.3.2.6 粗煤泥回收

为减轻煤泥脱水系统的压力，降低煤泥水系统成本，煤泥水系统设置粗煤泥回收系统，块原煤脱泥筛的筛下煤泥水直接进入弧形筛预先脱水后，再进入离心机进一步脱水回收粗煤泥；弧形筛下水及离心液全部进入煤泥水桶，煤泥水通过分级浓缩旋流器分级，旋流器底流先进入弧形筛预先脱水后再进入煤泥离心脱水机脱水，回收的粗煤泥混入洗混煤产品。

4.3.2.7 细煤泥回收

煤泥分级浓缩旋流器溢流入浓缩机，通过浓缩机分级、浓缩，浓缩机底流进主厂房压滤机脱水，回收煤泥混入洗混煤产品，也可视其水分高低在冬季进入干燥车间进行煤泥干燥处理，干燥后煤泥返回混煤产品中，压滤液返回浓缩机。浓缩机溢流进入循环水池循环使用，保证选煤厂煤泥水系统闭路循环，煤泥水不外排。

4.3.3 选煤厂产品平衡

选煤厂（规模 30.0 Mt/a）产品平衡见表 4-2。

表 4-2　初期最终产品平衡表

产品名称		数量				质量指标			
		产率 / %	产量 /			Ad/ %	M$_f$/ %	M$_t$/ %	Q$_{net, d}$/ (kal/kg)
			t/h	t/d	Mt/a				
洗大块		12.38	625.25	11 254.55	3.71	7.2	8.00	15.30	5 731.28
洗混煤	筛末煤	35.83	1 809.6	32 572.73	10.75	12.07	8.00	15.30	5 390.62
	离心精煤	35.65	1 800.51	32 409.09	10.7	5.98	7.00	14.30	5 874.45
	粗煤泥	5.90	297.98	5 363.64	1.77	11.38	12.00	19.30	5 207.57
	细煤泥	4.04	204.04	3 672.73	1.21	19.39	16.00	23.30	4 415.95
	小计	81.42	4 112.12	74 018.18	24.43	9.72	8.30	15.60	5 537.89
洗矸石		6.20	313.13	5 636.36	1.86	73.42	8.00	15.30	1 099.19
原煤		100.00	5 050.51	90 909.09	30.00	13.35	8.00	15.30	5 301.09

4.3.4 选煤厂储运工程

4.3.4.1 原煤及产品储存

原煤与产品储存设施情况见表 4-3。

表 4-3 原煤与产品储存设施情况

项目	储存设施	储存方式	储存量 /t
原煤	筒仓	封闭	3 × 30 000
块精煤	筒仓	封闭	1 × 50 000
混精煤	筒仓	封闭	4 × 50 000

4.3.4.2 产品外运

产品煤采用单轨定量快速装车站装车。根据装车站能力和铁路运力，共建三套装车站，以满足 30 Mt/a 的产品煤外运要求。每套装车站装车能力为 5 400 t/h。

以蒙东某煤矿为例，矿井年生产能力为 20 Mt/a，已建设铁路专用线，从巴图塔车站南端接轨于包神铁路，铁路专用线长度为 5.75 km。

4.4 产排污情况及环保治理现状

4.4.1 废水产生及治理现状

选煤厂产生的污水主要为煤泥水。

选煤厂建设了 4 座直径为 35 m 的浓缩池和 1 座直径为 45 m 的浓缩池，2 台直径为 35 m 的浓缩机供块煤系统使用，一用一备，其中 1 台直径为 35 m 的浓缩机为上下层结构、底层作为事故池使用；2 台直径为 35 m 和

1 台直径为 45 m 的浓缩机供末煤系统使用，在正常情况下，运行 1 台直径为 35 m 和 1 台直径为 45 m 的浓缩机，其中 1 台直径为 35 m 的浓缩机为上下层结构、底层作为事故池使用。产生的煤泥水经浓缩机絮凝、沉淀后清水返回循环水箱循环利用，底泥经压滤机压滤，压滤机滤液返回浓缩机重新处理。煤泥水能够做到闭路循环、不外排。

4.4.2　废气产生及治理现状

环境空气污染源及污染物主要有工业场地锅炉房排放的烟尘、SO_2；原煤在转载、筛分、装卸过程中产生的煤尘。

工业场地 5 台锅炉均设置了石灰 - 石膏湿法脱硫、袋式除尘器除尘，烟气共用 1 个 70 m 高的烟囱排放；风井场地 3 台锅炉均增加了炉内喷钙法脱硫工艺，烟气共用 1 个 45 m 高的烟囱排放。

企业在转载点、振动筛等处设置了湿式除尘器；原煤、产品煤采用以圆筒仓储存为主，煤炭运输系统采用封闭式皮带走廊，并在皮带走廊内设有喷雾洒水装置。

4.4.3　固体废物产生及治理现状

选煤厂产生的一般工业固体废物主要为洗选煤矸石、锅炉房产生的灰渣、生活垃圾、污水处理车间产生的污泥、选煤厂煤泥水处理产生煤泥，危险废物有废润滑油、废液压油、废油桶和废油漆桶。

4.4.3.1　一般工业固体废物

（1）洗选矸石

2019 年，洗选矸石量约 555 万 t/a（见表 4-4），采用汽车运输全部送往排矸场进行处置。

表 4-4　2018—2020 年 7 月洗选矸石产生量

时间	煤量 /t	2018 年矸石 /t	煤量 /t	2019 年矸石 /t	煤量 /t	2020 年矸石 /t
1 月	2 098 722	446 331	2 397 786	455 453	2 548 201	391 326.60
2 月	2 312 638	396 154	2 240 916	418 422	2 614 676	500 986.20
3 月	2 602 501	505 967	2 460 162	456 336	2 141 354	473 413.10
4 月	2 483 934	453 552	2 362 888	464 082	1 688 548	315 525.60
5 月	2 654 235	513 619	2 389 069	567 143	2 482 403	397 099.90
6 月	2 685 094	520 987	2 549 810	563 035	2 265 537	354 525.30
7 月	2 416 018	468 983	2 497 240	562 992	2 005 143	408 702.30
8 月	2 570 845	450 681	2 335 841	516 754		
9 月	2 412 280	430 407	1 699 932	402 718		
10 月	2 574 939	440 066	1 878 190	406 125		
11 月	2 565 153	473 042	2 063 056	381 587		
12 月	2 533 095	452 160	2 211 853	362 592		
累计	29 909 455	5 551 950	27 086 741	5 557 237	15 745 862	2 841 579.00

（2）锅炉灰渣

锅炉灰渣储存到灰渣仓后作为乌兰集团松定霍洛砖厂的制砖材料。暂未收到企业提供的与砖厂签订的协议。

（3）煤泥与生活污水处理站污泥

矿井水处理站煤泥混入末煤中出售，生活污水处理站污泥用以堆肥综合利用。

（4）生活垃圾

生活垃圾经矿业服务公司集中收集后由伊金霍洛旗环卫部门统一处理。

（5）锅炉灰渣

锅炉灰渣储存到灰渣仓后用于乌兰集团松定霍洛砖厂的制砖材料。

4.4.3.2　危险废物

危险废物主要为选煤厂产生的废润滑油、废液压油、废油桶和废油漆桶。2019 年的产生量与来源见表 4-5。

危险废物的处置方式为暂存后委托有资质的第三方进行处置。

表 4-5　危险废物的产生量与来源

储存物质	2019 年生产量 /t	库房最大储存量 /t	储存方式	来源及产生工序
废润滑油	0.8	3.4	铁桶	设备运行所产生的废油脂
废液压油	1.13	3.4	铁桶	设备运行所产生的废油脂
废油桶	1.088	0.68	铁桶	油脂使用过程中产生的废桶
废油漆桶	0.168	0.3	铁桶	钢材防腐、标准化产生的废油漆桶

说　明
1. 危险废物警告标志规格颜色
　形状：等边三角形，边长40 cm
　颜色：背景为黄色，图形为黑色
2. 警告标志外檐2.5 cm
3. 使用于：危险废物储存设施为房屋的，建有围墙或防护栅栏，且高度高于100 cm时；部分危险废物利用、处置场所

图 4-1 危险废物暂存间标识及标签填写注意事项示例

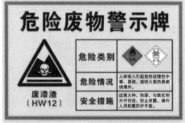

危废暂存间收集井　　　墙面防渗要高于危险废物堆放高度

图 4-2 危废警示牌及暂存间示例

4.4.4 噪声产生及治理现状

噪声污染源主要为选煤厂筛分破碎及洗选设备、锅炉房鼓风和引风机噪声，风井场地通风机噪声等，声源强在 60～105 dB（A），主要的防治措施为采取减震、隔声、消声措施。

选煤厂日常运营时，厂区南侧的通风机区域、输煤栈桥、产品仓三个区域会产生较大的噪声，这些区域产生的噪声直接或间接透射过建筑结构外墙传播到厂界南侧，因此导致选煤厂南侧厂界噪声大于《工业企业厂界环境噪声排放标准》（GB 12348—2008）中的 3 类声环境功能区噪声临界值。

因此，2019 年下半年，企业进行了以蒙东某煤矿，选煤厂南厂界为例的噪声治理工程，增加的噪声防治措施见表 4-6。

表 4-6　蒙东某煤矿选煤厂南厂界噪声治理工程

治理区域	降噪措施	降噪指标
产品仓仓顶	墙体安装铝蜂窝复合吸隔声体	隔声量不小于 20 dB（A），NRC 不小于 0.8
	原有窗户内侧加装专用隔声窗，原有门更换专用隔声门	门窗隔声量不小于 30 dB（A）
	风机通风口加装风机专用阻抗排风消声器	消声量不小于 20 dB（A）
产品仓仓底	在原有塑钢窗的基础上加装专用隔声窗	隔声量不小于 25 dB（A）
	将原有门更换为专用隔声门	隔声量不小于 30 dB（A）
	风机平台新建可拆卸式风机隔声罩	隔声量不小于 25 dB（A）
西侧输煤栈桥	在栈桥西侧原有墙体的基础上加装高效复合吸隔声体	NRC 不小于 0.7
	在原有塑钢窗的基础上加装专用隔声窗	隔声量不小于 25 dB（A）
	按一定间隔，在原有窗户洞口加装百叶式消声器	消声量不小于 25 dB（A）

4.5 选煤厂例行监测数据分析

收集企业近 3 年的全要素例行监测数据并进行分析。

5

产业政策及规划落实情况排查

5.1 功能区划及"三线一单"相符性评估

依据《全国主体功能区规划》中国家层面的重点开发区域："三、呼包鄂榆地区：……统筹煤炭开采、煤电、煤化工等产业的布局，促进产业互补和产业延伸，实现区域内产业错位发展。"以蒙东某煤矿为例，煤矿及选煤厂位于规划划定的重点开发区域，未位于规划划定的限制开发区域和禁止开发区域，本企业煤炭产品有利于完善当地产业延伸。

2020年10月30日，生态环境部召开了内蒙古自治区"三线一单"成果审核会议，内蒙古自治区"三线一单"成果通过生态环境部审核。会议指出，内蒙古自治区立足我国北方重要生态安全屏障、国家重要能源和战略资源基地、绿色农畜产品生产加工基地等区域战略定位，结合区域经济社会发展和资源环境面临的战略性、关键性问题，以维护国家生态安全、改善环境质量为目标，编制形成"三线一单"成果，将生态保护红线、环境质量底线、资源利用上线和生态环境准入清单硬约束落实到环境管控单元，对于优化区域开发与保护、筑牢我国北方重要生态安全屏障、协同推进黄河流域生态保护与高质量发展具有重要意义。

5.2 产业政策相符性评估

5.2.1 《产业结构调整指导目录（2019年本）》相符性

以蒙东某煤矿为例，煤矿洗煤厂规模为3 000万t/a，根据《产业结构调整指导目录（2019年本）》，本项目不属于限制类和淘汰类。

《产业结构调整指导目录（2019 年本）》中规定：限制低于 30 万 t/a 的煤矿，其中山西、内蒙古、陕西低于 120 万 t/a 属于限制类，本项目矿井生产能力为 2 000 万 t/a，不属于限制类。

《产业结构调整指导目录（2019 年本）》中鼓励的产业为：

- 煤田地质及地球物理勘探；

- 矿井灾害（瓦斯、煤尘、矿井水、火、围岩、地温、冲击地压等）防治；

- 型煤及水煤浆技术开发与应用；

- 煤炭共伴生资源加工与综合利用；

- 煤层气勘探、开发、利用和煤矿瓦斯抽采、利用；

- 煤矸石、煤泥、洗中煤等低热值燃料综合利用；

- 管道输煤；

- 煤炭清洁高效洗选技术开发与应用；

- 地面沉陷区治理、矿井水资源保护与利用；

- 煤电一体化建设；

- 提高资源回收率的采煤方法、工艺开发与应用；

- 矿井采空区、建筑物下、铁路等基础设施下、水体下采用煤矸石等物质填充采煤技术开发与应用；

- 井下救援技术及特种装备开发与应用；

- 煤矿生产过程综合监控技术、装备开发与应用；

- 大型煤炭储运中心、煤炭交易市场建设及储煤场地环保改造；

- 新型矿工避险自救器材开发与应用；

- 煤矿智能化开采技术及煤矿机器人研发应用；

- 煤炭清洁高效利用技术。

5.2.2 《煤炭产业政策》相符性

根据《煤炭产业政策》（国家发展和改革委员会公告 2007 年第 80 号）要求，山西、内蒙古、陕西等省级行政区新建、改扩建矿井规模不低于 120 万 t/a；鼓励采用高新技术和先进适用技术，建设高产高效矿井；鼓励发展综合机械化采煤技术，推行壁式采煤；鼓励煤炭企业实施以产业升级为目的的技术改造；按照"谁开发、谁保护，谁损坏、谁恢复，谁污染、谁治理，谁治理、谁受益"的原则，推进矿区环境综合治理，形成与生产同步的水土保持、矿山土地复垦和矿区生态环境恢复补偿机制。以蒙东某煤矿为例，矿井生产能力为 2 000 万 t/a，采用综采采煤法；在煤矿生产过程中，边开发边治理，洗选矸石在场地西南侧荒沟填沟造地利用，废水处理后部分回用剩余外排，同步完成水土保持验收，编制生态环境治理方案等，符合《煤炭产业政策》相关要求。

5.2.3 《煤炭工业发展"十三五"规划》相符性

《煤炭工业发展"十三五"规划》发展目标中提到：2020 年煤炭产量 39 亿 t；采煤机械性程度 85% 以上，掘进机械化程度达到 65%；煤矸石利用率 75% 左右，矿井水利用率 80% 左右，土地复垦率 60% 左右，原煤入选率 75% 左右。开发布局中提到：压缩东部、限制中部和东北、优化西部。有序推进陕北、神东、黄陇、新疆大型煤炭基地建设。2020 年，陕北基地产量 2.6 亿 t，……按照减量置换原则，严格控制煤炭新增规模。西部地区结合煤电和煤炭深加工用煤需要，配套建设一体化煤矿……推进煤炭清洁生产：因地制宜推广充填开采、保水开采、煤与瓦斯共采、矸石不升井等绿色开采技术。限制开发高硫煤、高灰、高砷、高氟等对生态环境影响较大的煤炭资源。大中型煤矿应配套建设选煤厂或中心选煤厂，较快现有煤矿选煤设施升级改造，提高原煤入选比重。

以蒙东某煤矿为例，煤矿采煤机械化程度大于 95%；矸石综合利用率达到 100%；土地复垦率为 82.06%，结合沉陷稳定时间制定了后续综合治理规划，至 2021 年沉陷区土地综合治理率达到 100%，符合《煤炭工业发展"十三五"规划》相关要求。

5.2.4 《矿山生态环境保护与污染防治技术政策》相符性

《矿山生态环境保护与污染防治技术政策》（2005 年 9 月）规定："矿产资源的开发应贯彻'污染防治与生态环境保护并重……，预防为主、防治结合、过程控制、综合治理'的指导方针，同时推行循环经济的'污染物减量、资源再利用和循环利用'的技术原则""到 2015 年大型煤矿矿井水重复利用率力求达到 70% 以上，煤矸石的利用率达到 60%，历史遗留矿山开采破坏土地复垦率达到 45% 以上，新建矿山应做到边开采、边复垦，破坏土地复垦率达到 85% 以上""禁止新建煤层含硫量大于 3% 的煤矿"。

以蒙东某煤矿为例，矿井水利用率约为 100%，煤矸石利用率为 100%，土地复垦率为 82.06%；本矿开采煤层为低硫，硫分小于 1%，符合《矿山生态环境保护与污染防治技术政策》相关要求。

5.3 区域规划相符性评估

5.3.1 《内蒙古自治区主体功能区规划》相符性

依据《内蒙古自治区主体功能区规划》要求：形成一体化发展格局依托煤炭、天然气资源优势，采用煤气化联合循环发电（IGCC）、碳捕集等绿色煤电技术，实现煤炭资源清洁高效开发和利用。以鄂尔多斯、锡林郭勒和呼伦贝尔为重点，引导煤炭开采企业兼并重组，提高产业集中度和现代化生产水平，规划建设一批亿吨级和五千万吨级大型煤炭生产基地。……培育煤电、煤化工等循环经济产业链，推进煤炭清洁生产和综合利用，提高煤炭的综合利用价值。

本项目位于国家级重点开发区域——呼包鄂地区。该区域位于全国"两横三纵"城市化战略格局中包昆通道纵轴的北端，是国家级重点开发区域呼包鄂榆地区的主要组成部分。本项目不属于功能区规划中的禁止开发区域。

5.3.2 《鄂尔多斯市国民经济和社会发展第十二个五年规划纲要》相符性

《鄂尔多斯市国民经济和社会发展第十二个五年规划纲要》指出：鄂尔多斯市"十二五"期间煤炭产业发展目标为"按照大型化、规模化、现代化的要求……重点开发神东、准格尔、万利、塔然高勒、新街、呼吉尔特、上海庙、桌子山、高头窑、纳林河矿区……到2015年，全市地方煤炭开发主体控制在50个左右，煤炭企业产能全部达到300万t以上，培育3户产能超5 000万t/a、7户产能超1 000万t/a的地方大型煤炭企业。新增煤炭产能2.28亿t，矿井设计产能规模控制在5.5亿t左右，达到全国同期生产能力的15%。煤炭就地转化率达到30%以上，煤矿回采率和洗选比例超过75%，机械化率达95%以上。

本典型案例煤矿属于神东矿区东胜区总体规划里的项目，建设了规模20.0 Mt/a的矿井和30.0 Mt/a选煤厂，原煤全部入洗；采煤机械化程度95%以上；煤矿回采率75%以上。

5.3.3 《鄂尔多斯市能源与重化工产业基地布局规划》相符性

《鄂尔多斯市能源与重化工产业基地布局规划》指出：调整和优化产业结构，加大污水处理和中水回用力度，提高水的重复利用率……此外，煤炭开采排出的疏干水经处理后可用于能源重化工项目……推进洁净煤技术产业化发展。大力发展洗煤、配煤和型煤技术，提高煤炭洗选加工程度……采用先进的燃煤和环保技术，提高煤炭利用效率，减少污染物排放。本项目对生活污水和矿井水进行处理后全部回用；建设群矿型洗煤厂，保证100%的原煤入洗率；对矿井锅炉房和煤尘大气污染采取了具体的防治措施。

5.3.4 《鄂尔多斯市环境保护"十二五"总体规划》相符性

《鄂尔多斯市环境保护"十二五"总体规划》要求：采取废气净化、尘源封闭、局部抽风、安装除尘装置等措施，减少采矿作业中的粉尘污染和废气污染。采用高效废水处理技术和循环利用技术，减少废水排放量。降低矿山固体废物的产出率，提高综合利用率，减少固体废物的排放，推进矿山废物无害化处置和综合利用。到2015年，矿山"三废"污染源得到有效控制，环境状况明显好转。突出重点，加强清洁生产，发展循环经济。建设综合利用电厂和建材厂，发展筑路回填，利用和消化煤矸石。加强采煤沉陷区土地复垦和利用，发展生物复垦和生态复垦。加强矿山固体废弃物、尾矿资源和废水利用，提高废弃物的资源化水平。截至2015年，全市主要矿山煤矸石利用率达到70%以上，其他矿业废渣综合利用率达50%以上，粉煤灰利用率达到75%以上。新增煤炭项目矿井水利用率应为90%以上；矿业用水复用率提高到90%以上，矿井水达标排放率为100%，洗煤废水闭路循环率为80%。

本企业锅炉烟气进行脱硫、除尘处理，主要产尘点设置了旋风湿式除尘器；矿井水采用混凝、沉淀、过滤、消毒处理后，全部回用；生活污水处理后，全部回用；洗煤废水闭路循环率100%。掘进矸石全部充填废弃巷道、采空区，洗选矸石全部综合利用于填沟造地。

5.4   其他政策文件符合性评估

《建设项目环境保护事中事后监督管理办法（试行）》（环发〔2015〕163号）中的第六条：事中监督管理的内容主要是，经批准的环境影响评价文件及批复中提出的环境保护措施落实情况和公开情况；施工期环境监理和环境监测开展情况；竣工环境保护验收和排污许可证的实施情况；环境保护法律法规的遵守情况和环境保护部门做出的行政处罚决定落实情况。

事后监督管理的内容主要是，生产经营单位遵守环境保护法律、法规的情况进行监督管理；产生长期性、累积性和不确定性环境影响的水利、水电、采掘、港口、铁路、冶金、石化、化工以及核设施、核技术利用和铀矿冶等编制环境影响报告书的建设项目，生产经营单位开展环境影响后评价及落实相应改进措施的情况。

本企业环评文件及批复要求的各项环保措施基本落实，开展了施工期环境监理，定期开展了污染源例行监测数据，按期进行了环保验收，下发了排污许可证；矿井水处理站和生活污水处理站规模增大、新建3座浓缩池、采煤工艺变化未履行环保手续，矿井水和生活污水已全部综合利用；矿井水处理站和生活污水处理站规模增大、新建3座浓缩池，该变化对环境是有利的；采煤工艺变化导致导水裂隙带的发育高度增大，但未贯穿基岩，对第四系潜水含水层的影响与环评预测基本一致。

6

生产过程环保会诊情况

接受企业委托后，受托单位多次开展现场踏勘工作，并通过资料收集，与企业多次沟通确认，梳理出企业的各种环保行为的符合性会诊情况，重点对存在环境风险的环保行为进行分析，为企业的责任梳理提供支撑。

6.1   法律法规符合性会诊

6.1.1   法律法规梳理

目前，国家及地方颁布的法律法规和地方规章等，适用于煤炭采掘行业煤矿及选煤厂的相关法律法规梳理如下。

6.1.1.1   国家层面

国家层面，与煤矿采选相关的法律有《中华人民共和国环境保护法》《中华人民共和国环境影响评价法》《中华人民共和国环境保护税法》《中华人民共和国大气污染防治法》《中华人民共和国水污染防治法》《中华人民共和国固体废物污染环境防治法》等。

环境风险会诊重点梳理出法律法规中与煤矿采选相关的条文作为会诊的依据，具体有以下内容。

（1）《中华人民共和国环境保护法》

……

第十九条　编制有关开发利用规划，建设对环境有影响的项目，应当依法进行环境影响评价。未依法进行环境影响评价的建设项目，不得开工建设。

……

第四十条　企业应当优先使用清洁能源，采用资源利用率高、污染物排放量少的工艺、设备以及废弃物综合利用技术和污染物无害化处理技术，减少污染物的产生。

第四十一条　建设项目中防治污染的设施，应当与主体工程同时设计、同时施工、同时投产使用。防治污染的设施应当符合经批准的环境影响评价文件的要求，不得擅自拆除或者闲置。

第四十二条　排放污染物的企业事业单位和其他生产经营者，应当采取措施，防治在生产建设或者其他活动中产生的废气、废水、废渣、医疗废物、粉尘、恶臭气体、放射性物质以及噪声、振动、光辐射、电磁辐射等对环境的污染和危害。

排放污染物的企业事业单位，应当建立环境保护责任制度，明确单位负责人和相关人员的责任。

重点排污单位应当按照国家有关规定和监测规范安装使用监测设备，保证监测设备正常运行，保存原始监测记录。

严禁通过暗管、渗井、渗坑、灌注或者篡改、伪造监测数据，或者不正常运行防治污染设施等逃避监管的方式违法排放污染物。

第四十三条　排放污染物的企业事业单位和其他生产经营者，应当按照国家有关规定缴纳排污费。排污费应当全部专项用于环境污染防治，任何单位和个人不得截留、挤占或者挪作他用。

依照法律规定征收环境保护税的，不再征收排污费。

……

第四十五条　国家依照法律规定实行排污许可管理制度。

实行排污许可管理的企业事业单位和其他生产经营者应当按照排污许可证的要求排放污染物；未取得排污许可证的，不得排放污染物。

……

第四十七条 各级人民政府及其有关部门和企业事业单位，应当依照《中华人民共和国突发事件应对法》的规定，做好突发环境事件的风险控制、应急准备、应急处置和事后恢复等工作。

企业事业单位应当按照国家有关规定制定突发环境事件应急预案，报环境保护主管部门和有关部门备案。在发生或者可能发生突发环境事件时，企业事业单位应当立即采取措施处理，及时通报可能受到危害的单位和居民，并向环境保护主管部门和有关部门报告。

第四十八条 生产、储存、运输、销售、使用、处置化学物品和含有放射性物质的物品，应当遵守国家有关规定，防止污染环境。

……

第五十五条 重点排污单位应当如实向社会公开其主要污染物的名称、排放方式、排放浓度和总量、超标排放情况，以及防治污染设施的建设和运行情况，接受社会监督。

……

（2）《中华人民共和国环境影响评价法》

……

第十六条 国家根据建设项目对环境的影响程度，对建设项目的环境影响评价实行分类管理。

建设单位应当按照下列规定组织编制环境影响报告书、环境影响报告表或者填报环境影响登记表：

（一）可能造成重大环境影响的，应当编制环境影响报告书，对产生的环境影响进行全面评价；

（二）可能造成轻度环境影响的，应当编制环境影响报告表，对产生的环境影响进行分析或者专项评价；

（三）对环境影响很小、不需要进行环境影响评价的，应当填报环境影响登记表。

......

第十九条　建设单位可以委托技术单位对其建设项目开展环境影响评价，编制建设项目环境影响报告书、环境影响报告表；建设单位具备环境影响评价技术能力的，可以自行对其建设项目开展环境影响评价，编制建设项目环境影响报告书、环境影响报告表。

......

第二十四条　建设项目的环境影响评价文件经批准后，建设项目的性质、规模、地点、采用的生产工艺或者防治污染、防止生态破坏的措施发生重大变动的，建设单位应当重新报批建设项目的环境影响评价文件。建设项目的环境影响评价文件自批准之日起超过五年，方决定该项目开工建设的，其环境影响评价文件应当报原审批部门重新审核；原审批部门应当自收到建设项目环境影响评价文件之日起十日内，将审核意见书面通知建设单位。

第二十五条　建设项目的环境影响评价文件未依法经审批部门审查或者审查后未予批准的，建设单位不得开工建设。

第二十六条　建设项目建设过程中，建设单位应当同时实施环境影响报告书、环境影响报告表以及环境影响评价文件审批部门审批意见中提出的环境保护对策措施。

第二十七条　在项目建设、运行过程中产生不符合经审批的环境影响评价文件的情形的，建设单位应当组织环境影响的后评价，采取改进措施，并报原环境影响评价文件审批部门和建设项目审批部门备案；原环境影响评价文件审批部门也可以责成建设单位进行环境影响的后评价，采取改进措施。

......

（3）《中华人民共和国大气污染防治法》

......

第十九条　排放工业废气或者本法第七十八条规定名录中所列有毒有害大气污染物的企业事业单位、集中供热设施的燃煤热源生产运营单位以及其他依法实行排污许可管理的单位，应当取得排污许可证。排污许可的具体办法和实施步骤由国务院规定。

第二十条　企业事业单位和其他生产经营者向大气排放污染物的，应当依照法律法规和国务院生态环境主管部门的规定设置大气污染物排放口。

禁止通过偷排、篡改或者伪造监测数据、以逃避现场检查为目的的临时停产、非紧急情况下开启应急排放通道、不正常运行大气污染防治设施等逃避监管的方式排放大气污染物。

第二十一条　国家对重点大气污染物排放实行总量控制。

国家逐步推行重点大气污染物排污权交易。

......

第三十二条　国务院有关部门和地方各级人民政府应当采取措施，调整能源结构，推广清洁能源的生产和使用；优化煤炭使用方式，推广煤炭清洁高效利用，逐步降低煤炭在一次能源消费中的比重，减少煤炭生产、使用、转化过程中的大气污染物排放。

第三十三条　国家推行煤炭洗选加工，降低煤炭的硫分和灰分，限制高硫分、高灰分煤炭的开采。新建煤矿应当同步建设配套的煤炭洗选设施，使煤炭的硫分、灰分含量达到规定标准；已建成的煤矿除所采煤炭属于低硫分、低灰分或者根据已达标排放的燃煤电厂要求不需要洗选的以外，应当限期建成配套的煤炭洗选设施。

禁止开采含放射性和砷等有毒有害物质超过规定标准的煤炭。

第三十四条 国家采取有利于煤炭清洁高效利用的经济、技术政策和措施，鼓励和支持洁净煤技术的开发和推广。

国家鼓励煤矿企业等采用合理、可行的技术措施，对煤层气进行开采利用，对煤矸石进行综合利用。从事煤层气开采利用的，煤层气排放应当符合有关标准规范。

第三十五条 国家禁止进口、销售和燃用不符合质量标准的煤炭，鼓励燃用优质煤炭。

单位存放煤炭、煤矸石、煤渣、煤灰等物料，应当采取防燃措施，防止大气污染。

……

第七十条 运输煤炭、垃圾、渣土、砂石、土方、灰浆等散装、流体物料的车辆应当采取密闭或者其他措施防止物料遗撒造成扬尘污染，并按照规定路线行驶。

装卸物料应当采取密闭或者喷淋等方式防治扬尘污染。

……

（4）《中华人民共和国水污染防治法》

……

第十九条 新建、改建、扩建直接或者间接向水体排放污染物的建设项目和其他水上设施，应当依法进行环境影响评价。

建设项目的水污染防治设施，应当与主体工程同时设计、同时施工、同时投入使用。水污染防治设施应当符合经批准或者备案的环境影响评价文件的要求。

……

第二十一条 直接或者间接向水体排放工业废水和医疗污水以及其他按照规定应当取得排污许可证方可排放的废水、污水的企业事业单位和其他生产经营者，应当取得排污许可证；城镇污水集中处理设施的运营单位，也应当取得排污许可证。排污许可证应当明确排放水污染物的种类、浓度、总量和排放去向等要求。排污许可的具体办法由国务院规定。

......

第四十五条 排放工业废水的企业应当采取有效措施，收集和处理产生的全部废水，防止污染环境。含有毒有害水污染物的工业废水应当分类收集和处理，不得稀释排放。

......

第四十八条 企业应当采用原材料利用效率高、污染物排放量少的清洁工艺，并加强管理，减少水污染物的产生。

......

第七十七条 可能发生水污染事故的企业事业单位，应当制定有关水污染事故的应急方案，做好应急准备，并定期进行演练。

生产、储存危险化学品的企业事业单位，应当采取措施，防止在处理安全生产事故过程中产生的可能严重污染水体的消防废水、废液直接排入水体。

第七十八条 企业事业单位发生事故或者其他突发性事件，造成或者可能造成水污染事故的，应当立即启动本单位的应急方案，采取隔离等应急措施，防止水污染物进入水体，并向事故发生地的县级以上地方人民政府或者环境保护主管部门报告。环境保护主管部门接到报告后，应当及时向本级人民政府报告，并抄送有关部门。

......

（5）《中华人民共和国固体废物污染环境防治法》

......

第十七条 建设产生、贮存、利用、处置固体废物的项目，应当依法进行环境影响评价，并遵守国家有关建设项目环境保护管理的规定。

第十八条　建设项目的环境影响评价文件确定需要配套建设的固体废物污染环境防治设施，应当与主体工程同时设计、同时施工、同时投入使用。建设项目的初步设计，应当按照环境保护设计规范的要求，将固体废物污染环境防治内容纳入环境影响评价文件，落实防治固体废物污染环境和破坏生态的措施以及固体废物污染环境防治设施投资概算。

建设单位应当依照有关法律法规的规定，对配套建设的固体废物污染环境防治设施进行验收，编制验收报告，并向社会公开。

......

第二十条　产生、收集、贮存、运输、利用、处置固体废物的单位和其他生产经营者，应当采取防扬散、防流失、防渗漏或者其他防止污染环境的措施，不得擅自倾倒、堆放、丢弃、遗撒固体废物。

第二十一条　在生态保护红线区域、永久基本农田集中区域和其他需要特别保护的区域内，禁止建设工业固体废物、危险废物集中贮存、利用、处置的设施、场所和生活垃圾填埋场。

第二十二条　转移固体废物出省、自治区、直辖市行政区域贮存、处置的，应当向固体废物移出地的省、自治区、直辖市人民政府生态环境主管部门提出申请。移出地的省、自治区、直辖市人民政府生态环境主管部门应当及时商经接受地的省、自治区、直辖市人民政府生态环境主管部门同意后，在规定期限内批准转移该固体废物出省、自治区、直辖市行政区域。未经批准的，不得转移。

......

第二十九条　产生、收集、贮存、运输、利用、处置固体废物的单位，应当依法及时公开固体废物污染环境防治信息，主动接受社会监督。

利用、处置固体废物的单位，应当依法向公众开放设施、场所，提高公众环境保护意识和参与程度。

……

第三十六条　产生工业固体废物的单位应当建立健全工业固体废物产生、收集、贮存、运输、利用、处置全过程的污染环境防治责任制度，建立工业固体废物管理台账，如实记录产生工业固体废物的种类、数量、流向、贮存、利用、处置等信息，实现工业固体废物可追溯、可查询，并采取防治工业固体废物污染环境的措施。

禁止向生活垃圾收集设施中投放工业固体废物。

第三十七条　产生工业固体废物的单位委托他人运输、利用、处置工业固体废物的，应当对受托方的主体资格和技术能力进行核实，依法签订书面合同，在合同中约定污染防治要求。

第三十八条　产生工业固体废物的单位应当依法实施审核，合理选择和利用原材料、能源和其他资源，采用先进的生产工艺和设备，减少工业固体废物的产生量，降低工业固体废物的危害性。

第三十九条　产生工业固体废物的单位应当取得排污许可证，排污许可的具体办法和实施步骤由国务院规定。

产生工业固体废物的单位应当向所在地生态环境主管部门提供工业固体废物的种类、数量、流向、贮存、利用、处置等有关资料，以及减少工业固体废物产生、促进综合利用的具体措施，并执行排污许可管理制度的相关规定。

第四十条　产生工业固体废物的单位应当根据经济、技术条件对工业固体废物加以利用；对暂时不利用或者不能利用的，应当按照国务院生态环境等主管部门的规定建设贮存设施、场所，安全分类存放，或者采取无害化处置措施。贮存工业固体废物应当采取符合国家环境保护标准的防护措施。

建设工业固体废物贮存、处置的设施、场所，应当符合国家环境保护标准。

第四十一条　产生工业固体废物的单位终止的，应当在终止前对工业固体废物的贮存、处置的设施、场所采取污染防治措施，并对未处置的工业固体废物作出妥善处置，防止污染环境。

产生工业固体废物的单位发生变更的，变更后的单位应当按照国家有关环境保护的规定对未处置的工业固体废物及其贮存、处置的设施、场所进行安全处置或者采取有效措施保证该设施、场所安全运行。变更前当事人对工业固体废物及其贮存、处置的设施、场所的污染防治责任另有约定的，从其约定；但是，不得免除当事人的污染防治义务。

第四十二条　矿山企业应当采取科学的开采方法和选矿工艺，减少尾矿、煤矸石、废石等矿业固体废物的产生量和贮存量。

国家鼓励采取先进工艺对尾矿、煤矸石、废石等矿业固体废物进行综合利用。

尾矿、煤矸石、废石等矿业固体废物贮存设施停止使用后，矿山企业应当按照国家有关环境保护等规定进行封场，防止造成环境污染和生态破坏。

……

第七十七条　对危险废物的容器和包装物以及收集、贮存、运输、利用、处置危险废物的设施、场所，应当按照规定设置危险废物识别标志。

第七十八条　产生危险废物的单位，应当按照国家有关规定制定危险废物管理计划；建立危险废物管理台账，如实记录有关信息，并通过国家危险废物信息管理系统向所在地生态环境主管部门申报危险废物的种类、产生量、流向、贮存、处置等有关资料。

产生危险废物的单位已经取得排污许可证的，执行排污许可管理制度的规定。

第七十九条 产生危险废物的单位，应当按照国家有关规定和环境保护标准要求贮存、利用、处置危险废物，不得擅自倾倒、堆放。

......

第八十二条 转移危险废物的，应当按照国家有关规定填写、运行危险废物电子或者纸质转移联单。

......

第八十五条 产生、收集、贮存、运输、利用、处置危险废物的单位，应当依法制定意外事故的防范措施和应急预案，并向所在地生态环境主管部门和其他负有固体废物污染环境防治监督管理职责的部门备案；生态环境主管部门和其他负有固体废物污染环境防治监督管理职责的部门应当进行检查。

第八十六条 因发生事故或者其他突发性事件，造成危险废物严重污染环境的单位，应当立即采取有效措施消除或者减轻对环境的污染危害，及时通报可能受到污染危害的单位和居民，并向所在地生态环境主管部门和有关部门报告，接受调查处理。

（6）《中华人民共和国噪声污染防治法》

......

第十三条 新建、改建、扩建的建设项目，必须遵守国家有关建设项目环境保护管理的规定。

建设项目可能产生环境噪声污染的，建设单位必须提出环境影响报告书，规定环境噪声污染的防治措施，并按照国家规定的程序报生态环境主管部门批准。

环境影响报告书中，应当有该建设项目所在地单位和居民的意见。

第十四条 建设项目的环境噪声污染防治设施必须与主体工程同时设计、同时施工、同时投产使用。

建设项目在投入生产或者使用之前,其环境噪声污染防治设施必须按照国家规定的标准和程序进行验收;达不到国家规定要求的,该建设项目不得投入生产或者使用。

第十五条 产生环境噪声污染的企业事业单位,必须保持防治环境噪声污染的设施的正常使用;拆除或者闲置环境噪声污染防治设施的,必须事先报经所在地的县级以上地方人民政府生态环境主管部门批准。

第十六条 产生环境噪声污染的单位,应当采取措施进行治理,并按照国家规定缴纳超标准排污费。

......

第二十四条 在工业生产中因使用固定的设备造成环境噪声污染的工业企业,必须按照国务院生态环境主管部门的规定,向所在地的县级以上地方人民政府生态环境主管部门申报拥有的造成环境噪声污染的设备的种类、数量以及在正常作业条件下所发出的噪声值和防治环境噪声污染的设施情况,并提供防治噪声污染的技术资料。

造成环境噪声污染的设备的种类、数量、噪声值和防治设施有重大改变的,必须及时申报,并采取应有的防治措施。

......

(7)《中华人民共和国环境保护税法》

......

第二条 在中华人民共和国领域和中华人民共和国管辖的其他海域,直接向环境排放应税污染物的企业事业单位和其他生产经营者为环境保护税的纳税人,应当依照本法规定缴纳环境保护税。

......

第四条 有下列情形之一的,不属于直接向环境排放污染物,不缴纳相应污染物的环境保护税:

（一）企业事业单位和其他生产经营者向依法设立的污水集中处理、生活垃圾集中处理场所排放应税污染物的；

（二）企业事业单位和其他生产经营者在符合国家和地方环境保护标准的设施、场所贮存或者处置固体废物的。

第五条　依法设立的城乡污水集中处理、生活垃圾集中处理场所超过国家和地方规定的排放标准向环境排放应税污染物的，应当缴纳环境保护税。

企业事业单位和其他生产经营者贮存或者处置固体废物不符合国家和地方环境保护标准的，应当缴纳环境保护税。

……

（8）《中华人民共和国循环经济促进法》

……

第九条　企业事业单位应当建立健全管理制度，采取措施，降低资源消耗，减少废物的产生量和排放量，提高废物的再利用和资源化水平。

第十条　公民应当增强节约资源和保护环境意识，合理消费，节约资源。

国家鼓励和引导公民使用节能、节水、节材和有利于保护环境的产品及再生产品，减少废物的产生量和排放量。

……

第十六条　国家对钢铁、有色金属、煤炭、电力、石油加工、化工、建材、建筑、造纸、印染等行业年综合能源消费量、用水量超过国家规定总量的重点企业，实行能耗、水耗的重点监督管理制度。

……

第二十条　工业企业应当采用先进或者适用的节水技术、工艺和设备，制定并实施节水计划，加强节水管理，对生产用水进行全过程控制。

工业企业应当加强用水计量管理，配备和使用合格的用水计量器具，建立水耗统计和用水状况分析制度。

新建、改建、扩建建设项目，应当配套建设节水设施。节水设施应当与主体工程同时设计、同时施工、同时投产使用。

......

第三十条　企业应当按照国家规定，对生产过程中产生的粉煤灰、煤矸石、尾矿、废石、废料、废气等工业废物进行综合利用。

......

（9）《中华人民共和国节约能源法》

......

第十六条　国家对落后的耗能过高的用能产品、设备和生产工艺实行淘汰制度。淘汰的用能产品、设备、生产工艺的目录和实施办法，由国务院管理节能工作的部门会同国务院有关部门制定并公布。

生产过程中耗能高的产品的生产单位，应当执行单位产品能耗限额标准。对超过单位产品能耗限额标准用能的生产单位，由管理节能工作的部门按照国务院规定的权限责令限期治理。

......

第二十条　用能产品的生产者、销售者，可以根据自愿原则，按照国家有关节能产品认证的规定，向经国务院认证认可监督管理部门认可的从事节能产品认证的机构提出节能产品认证申请；经认证合格后，取得节能产品认证证书，可以在用能产品或者其包装物上使用节能产品认证标志。

......

第三十一条　国家鼓励工业企业采用高效、节能的电动机、锅炉、窑炉、风机、泵类等设备，采用热电联产、余热余压利用、洁净煤以及先进的用能监测和控制等技术。

（10）《中华人民共和国清洁生产促进法》

……

第二十七条 企业应当对生产和服务过程中的资源消耗以及废物的产生情况进行监测，并根据需要对生产和服务实施清洁生产审核。

有下列情形之一的企业，应当实施强制性清洁生产审核：

（一）污染物排放超过国家或者地方规定的排放标准，或者虽未超过国家或者地方规定的排放标准，但超过重点污染物排放总量控制指标的；

（二）超过单位产品能源消耗限额标准构成高耗能的；

（三）使用有毒、有害原料进行生产或者在生产中排放有毒、有害物质的。

污染物排放超过国家或者地方规定的排放标准的企业，应当按照环境保护相关法律的规定治理。

实施强制性清洁生产审核的企业，应当将审核结果向所在地县级以上地方人民政府负责清洁生产综合协调的部门、环境保护部门报告，并在本地区主要媒体上公布，接受公众监督，但涉及商业秘密的除外。

……

第三十三条 依法利用废物和从废物中回收原料生产产品的，按照国家规定享受税收优惠。

第三十四条 企业用于清洁生产审核和培训的费用，可以列入企业经营成本。

……

（11）《清洁生产审核办法》

……

第八条 有下列情形之一的企业，应当实施强制性清洁生产审核：

（一）污染物排放超过国家或者地方规定的排放标准，或者虽未超过国家或者地方规定的排放标准，但超过重点污染物排放总量控制指标的；

（二）超过单位产品能源消耗限额标准构成高耗能的；

（三）使用有毒有害原料进行生产或者在生产中排放有毒有害物质的。

......

第十一条　实施强制性清洁生产审核的企业，应当在名单公布后一个月内，在当地主要媒体、企业官方网站或采取其他便于公众知晓的方式公布企业相关信息。

......

（12）《中华人民共和国土壤污染防治法》

......

第十八条　各类涉及土地利用的规划和可能造成土壤污染的建设项目，应当依法进行环境影响评价。环境影响评价文件应当包括对土壤可能造成的不良影响及应当采取的相应预防措施等内容。

第十九条　生产、使用、贮存、运输、回收、处置、排放有毒有害物质的单位和个人，应当采取有效措施，防止有毒有害物质渗漏、流失、扬散，避免土壤受到污染。

......

第二十二条　企业事业单位拆除设施、设备或者建筑物、构筑物的，应当采取相应的土壤污染防治措施。

......

第二十五条　建设和运行污水集中处理设施、固体废物处置设施，应当依照法律法规和相关标准的要求，采取措施防止土壤污染。

（13）《排污许可管理办法（试行）》

排污许可证的申领

第三条　环境保护部依法制定并公布固定污染源排污许可分类管理名

录，明确纳入排污许可管理的范围和申领时限。

纳入固定污染源排污许可分类管理名录的企业事业单位和其他生产经营者（以下简称排污单位）应当按照规定的时限申请并取得排污许可证；未纳入固定污染源排污许可分类管理名录的排污单位，暂不需申请排污许可证。

第四条　排污单位应当依法持有排污许可证，并按照排污许可证的规定排放污染物。

应当取得排污许可证而未取得的，不得排放污染物。

……

第二十六条　排污单位应当在全国排污许可证管理信息平台上填报并提交排污许可证申请，同时向核发环保部门提交通过全国排污许可证管理信息平台印制的书面申请材料。

申请材料应当包括：

（一）排污许可证申请表，主要内容包括：排污单位基本信息，主要生产设施、主要产品及产能、主要原辅材料，废气、废水等产排污环节和污染防治设施，申请的排放口位置和数量、排放方式、排放去向，按照排放口和生产设施或者车间申请的排放污染物种类、排放浓度和排放量，执行的排放标准；

（二）自行监测方案；

（三）由排污单位法定代表人或者主要负责人签字或者盖章的承诺书；

（四）排污单位有关排污口规范化的情况说明；

（五）建设项目环境影响评价文件审批文号，或者按照有关国家规定经地方人民政府依法处理、整顿规范并符合要求的相关证明材料；

（六）排污许可证申请前信息公开情况说明表；

（七）污水集中处理设施的经营管理单位还应当提供纳污范围、纳污排污单位名单、管网布置、最终排放去向等材料；

（八）本办法实施后的新建、改建、扩建项目排污单位存在通过污染物排放等量或者减量替代削减获得重点污染物排放总量控制指标情况的，且出让重点污染物排放总量控制指标的排污单位已经取得排污许可证的，应当提供出让重点污染物排放总量控制指标的排污单位的排污许可证完成变更的相关材料；

（九）法律法规规章规定的其他材料。

主要生产设施、主要产品产能等登记事项中涉及商业秘密的，排污单位应当进行标注。

自行监测方案

……

第十九条　排污单位在申请排污许可证时，应当按照自行监测技术指南，编制自行监测方案。

自行监测方案应当包括以下内容：

（一）监测点位及示意图、监测指标、监测频次；

（二）使用的监测分析方法、采样方法；

（三）监测质量保证与质量控制要求；

（四）监测数据记录、整理、存档要求等。

……

第三十四条　排污单位应当按照排污许可证规定，安装或者使用符合国家有关环境监测、计量认证规定的监测设备，按照规定维护监测设施，开展自行监测，保存原始监测记录。

实施排污许可重点管理的排污单位，应当按照排污许可证规定安装自动监测设备，并与环境保护主管部门的监控设备联网。

对未采用污染防治可行技术的，应当加强自行监测，评估污染防治技术达标可行性。

......

运行台账

......

第三十五条 排污单位应当按照排污许可证中关于台账记录的要求，根据生产特点和污染物排放特点，按照排污口或者无组织排放源进行记录。记录主要包括以下内容：

（一）与污染物排放相关的主要生产设施运行情况；发生异常情况的，应当记录原因和采取的措施；

（二）污染防治设施运行情况及管理信息；发生异常情况的，应当记录原因和采取的措施；

（三）污染物实际排放浓度和排放量；发生超标排放情况的，应当记录超标原因和采取的措施；

（四）其他按照相关技术规范应当记录的信息。

台账记录保存期限不少于三年。

......

执行报告

......

第三十七条 排污单位应当按照排污许可证规定的关于执行报告内容和频次的要求，编制排污许可证执行报告。

排污许可证执行报告包括年度执行报告、季度执行报告和月执行报告。

排污单位应当每年在全国排污许可证管理信息平台上填报、提交排污许可证年度执行报告并公开，同时向核发环保部门提交通过全国排污许可证管理信息平台印制的书面执行报告。书面执行报告应当由法定代表人或者主要负责人签字或者盖章。

季度执行报告和月执行报告至少应当包括以下内容：

（一）根据自行监测结果说明污染物实际排放浓度和排放量及达标判定分析；

（二）排污单位超标排放或者污染防治设施异常情况的说明。

年度执行报告可以替代当季度或者当月的执行报告，并增加以下内容：

（一）排污单位基本生产信息；

（二）污染防治设施运行情况；

（三）自行监测执行情况；

（四）环境管理台账记录执行情况；

（五）信息公开情况；

（六）排污单位内部环境管理体系建设与运行情况；

（七）其他排污许可证规定的内容执行情况等。

建设项目竣工环境保护验收报告中与污染物排放相关的主要内容，应当由排污单位记载在该项目验收完成当年排污许可证年度执行报告中。

排污单位发生污染事故排放时，应当依照相关法律法规规章的规定及时报告。

……

（14）《中华人民共和国突发事件应对法》

……

第二十二条 所有单位应当建立健全安全管理制度，定期检查本单位各项安全防范措施的落实情况，及时消除事故隐患；掌握并及时处理本单位存在的可能引发社会安全事件的问题，防止矛盾激化和事态扩大；对本单位可能发生的突发事件和采取安全防范措施的情况，应当按照规定及时向所在地人民政府或者人民政府有关部门报告。

第二十三条 矿山、建筑施工单位和易燃易爆物品、危险化学品、放射性物品等危险物品的生产、经营、储运、使用单位，应当制定具体应急预案，并对生产经营场所、有危险物品的建筑物、构筑物及周边环境开展隐患排查，及时采取措施消除隐患，防止发生突发事件。

……

第五十六条 受到自然灾害危害或者发生事故灾难、公共卫生事件的单位，应当立即组织本单位应急救援队伍和工作人员营救受害人员，疏散、撤离、安置受到威胁的人员，控制危险源，标明危险区域，封锁危险场所，并采取其他防止危害扩大的必要措施，同时向所在地县级人民政府报告；对因本单位的问题引发的或者主体是本单位人员的社会安全事件，有关单位应当按照规定上报情况，并迅速派出负责人赶赴现场开展劝解、疏导工作。

……

（15）《突发环境事件应急预案管理暂行办法》

……

第七条 向环境排放污染物的企业事业单位，生产、贮存、经营、使用、运输危险物品的企业事业单位，产生、收集、贮存、运输、利用、处置危险废物的企业事业单位，以及其他可能发生突发环境事件的企业事业单位，应当编制环境应急预案。

第八条 企业事业单位的环境应急预案包括综合环境应急预案、专项环境应急预案和现场处置预案。

对环境风险种类较多、可能发生多种类型突发事件的，企业事业单位应当编制综合环境应急预案。综合环境应急预案应当包括本单位的应急组织机构及其职责、预案体系及响应程序、事件预防及应急保障、应急培训及预案演练等内容。

对某一种类的环境风险，企业事业单位应当根据存在的重大危险源和可能发生的突发事件类型，编制相应的专项环境应急预案。专项环境应急预案应当包括危险性分析、可能发生的事件特征、主要污染物种类、应急组织机构与职责、预防措施、应急处置程序和应急保障等内容。

对危险性较大的重点岗位，企业事业单位应当编制重点工作岗位的现场处置预案。现场处置预案应当包括危险性分析、可能发生的事件特征、应急处置程序、应急处置要点和注意事项等内容。

企业事业单位编制的综合环境应急预案、专项环境应急预案和现场处置预案之间应当相互协调，并与所涉及的其他应急预案相互衔接。

......

第十五条　县级以上人民政府环境保护主管部门编制的环境应急预案应当报本级人民政府和上级人民政府环境保护主管部门备案。

企业事业单位编制的环境应急预案，应当在本单位主要负责人签署实施之日起 30 日内报所在地环境保护主管部门备案。国家重点监控企业的环境应急预案，应当在本单位主要负责人签署实施之日起 45 日内报所在地省级人民政府环境保护主管部门备案。

（16）《建设项目环境影响后评价管理办法（试行）》

......

第三条　下列建设项目运行过程中产生不符合经审批的环境影响报告书情形的，应当开展环境影响后评价：

（一）水利、水电、采掘、港口、铁路行业中实际环境影响程度和范围较大，且主要环境影响在项目建成运行一定时期后逐步显现的建设项目，以及其他行业中穿越重要生态环境敏感区的建设项目；

（二）冶金、石化和化工行业中有重大环境风险，建设地点敏感，且持续排放重金属或者持久性有机污染物的建设项目；

（三）审批环境影响报告书的环境保护主管部门认为应当开展环境影响后评价的其他建设项目。

……

第六条　建设单位或者生产经营单位负责组织开展环境影响后评价工作，编制环境影响后评价文件，并对环境影响后评价结论负责。

建设单位或者生产经营单位可以委托环境影响评价机构、工程设计单位、大专院校和相关评估机构等编制环境影响后评价文件。编制建设项目环境影响报告书的环境影响评价机构，原则上不得承担该建设项目环境影响后评价文件的编制工作。

建设单位或者生产经营单位应当将环境影响后评价文件报原审批环境影响报告书的环境保护主管部门备案，并接受环境保护主管部门的监督检查。

……

第八条　建设项目环境影响后评价应当在建设项目正式投入生产或者运营后三至五年内开展。原审批环境影响报告书的环境保护主管部门也可以根据建设项目的环境影响和环境要素变化特征，确定开展环境影响后评价的时限。

第九条　建设单位或者生产经营单位可以对单个建设项目进行环境影响后评价，也可以对在同一行政区域、流域内存在叠加、累积环境影响的多个建设项目开展环境影响后评价。

第十条　建设单位或者生产经营单位完成环境影响后评价后，应当依法公开环境影响评价文件，接受社会监督。

第十一条　对未按规定要求开展环境影响后评价，或者不落实补救方案、改进措施的建设单位或者生产经营单位，审批该建设项目环境影响报告书的环境保护主管部门应当责令其限期改正，并向社会公开。

......

（17）《企业事业单位环境信息公开办法》

......

第三条　企业事业单位应当按照强制公开和自愿公开相结合的原则，及时、如实地公开其环境信息。

......

第八条　具备下列条件之一的企业事业单位，应当列入重点排污单位名录：

（一）被设区的市级以上人民政府环境保护主管部门确定为重点监控企业的；

（二）具有试验、分析、检测等功能的化学、医药、生物类省级重点以上实验室、二级以上医院、污染物集中处置单位等污染物排放行为引起社会广泛关注的或者可能对环境敏感区造成较大影响的；

（三）三年内发生较大以上突发环境事件或者因环境污染问题造成重大社会影响的；

（四）其他有必要列入的情形。

第九条　重点排污单位应当公开下列信息：

（一）基础信息，包括单位名称、组织机构代码、法定代表人、生产地址、联系方式，以及生产经营和管理服务的主要内容、产品及规模；

（二）排污信息，包括主要污染物及特征污染物的名称、排放方式、排放口数量和分布情况、排放浓度和总量、超标情况，以及执行的污染物排放标准、核定的排放总量；

（三）防治污染设施的建设和运行情况；

（四）建设项目环境影响评价及其他环境保护行政许可情况；

（五）突发环境事件应急预案；

（六）其他应当公开的环境信息。

列入国家重点监控企业名单的重点排污单位还应当公开其环境自行监测方案。

第十条　重点排污单位应当通过其网站、企业事业单位环境信息公开平台或者当地报刊等便于公众知晓的方式公开环境信息，同时可以采取以下一种或者几种方式予以公开：

（一）公告或者公开发行的信息专刊；

（二）广播、电视等新闻媒体；

（三）信息公开服务、监督热线电话；

（四）本单位的资料索取点、信息公开栏、信息亭、电子屏幕、电子触摸屏等场所或者设施；

（五）其他便于公众及时、准确获得信息的方式。

第十一条　重点排污单位应当在环境保护主管部门公布重点排污单位名录后九十日内公开本办法第九条规定的环境信息；环境信息有新生成或者发生变更情形的，重点排污单位应当自环境信息生成或者变更之日起三十日内予以公开。法律、法规另有规定的，从其规定。

……

（18）《建设项目竣工环境保护验收暂行办法》

……

第二条　本办法适用于编制环境影响报告书（表）并根据环保法律法规的规定由建设单位实施环境保护设施竣工验收的建设项目以及相关监督管理。

第三条　建设项目竣工环境保护验收的主要依据包括：

（一）建设项目环境保护相关法律、法规、规章、标准和规范性文件；

（二）建设项目竣工环境保护验收技术规范；

（三）建设项目环境影响报告书（表）及审批部门审批决定。

第四条　建设单位是建设项目竣工环境保护验收的责任主体，应当按照本办法规定的程序和标准，组织对配套建设的环境保护设施进行验收，编制验收报告，公开相关信息，接受社会监督，确保建设项目需要配套建设的环境保护设施与主体工程同时投产或者使用，并对验收内容、结论和所公开信息的真实性、准确性和完整性负责，不得在验收过程中弄虚作假。

第五条　建设项目竣工后，建设单位应当如实查验、监测、记载建设项目环境保护设施的建设和调试情况，编制验收监测（调查）报告。

以排放污染物为主的建设项目，参照《建设项目竣工环境保护验收技术指南　污染影响类》编制验收监测报告；主要对生态造成影响的建设项目，按照《建设项目竣工环境保护验收技术规范　生态影响类》编制验收调查报告；火力发电、石油炼制、水利水电、核与辐射等已发布行业验收技术规范的建设项目，按照该行业验收技术规范编制验收监测报告或者验收调查报告。

建设单位不具备编制验收监测（调查）报告能力的，可以委托有能力的技术机构编制。建设单位对受委托的技术机构编制的验收监测（调查）报告结论负责。建设单位与受委托的技术机构之间的权利义务关系，以及受委托的技术机构应当承担的责任，可以通过合同形式约定。

……

第七条　验收监测（调查）报告编制完成后，建设单位应当根据验收监测（调查）报告结论，逐一检查是否存在本办法第八条所列验收不合格的情形，提出验收意见。存在问题的，建设单位应当进行整改，整改完成后方可提出验收意见。

验收意见包括工程建设基本情况、工程变动情况、环境保护设施落实情况、环境保护设施调试效果、工程建设对环境的影响、验收结论和后续要求等内容，验收结论应当明确该建设项目环境保护设施是否验收合格。

建设项目配套建设的环境保护设施经验收合格后，其主体工程方可投入生产或者使用；未经验收或者验收不合格的，不得投入生产或者使用。

......

6.1.1.2 地方层面－以内蒙古为例

（1）内蒙古自治区环境保护条例

......

第十九条　凡新建、扩建、改建项目和技术改造项目，以及可能对环境造成污染的项目，要实行环境影响说明和环境影响报告书（表）审批制度，污染防治设施与主体工程必须同时设计，同时施工，同时投产使用。

......

第二十一条　产生环境污染和其他公害的单位，要按下列要求做好环境污染防治工作：

（一）对污染源作出整治规划，并组织实施；

（二）建立环境保护责任制度，制定污染防治考核指标；

（三）搞好设备的维修、保养，提高完好率，防止污染物扩散；

（四）已经投入使用的防治污染和其他公害的设施，未经当地人民政府环境保护行政主管部门批准，不得停止使用或者拆除。

第二十二条　排放污染物的单位，要依照国务院环境保护行政主管部门的规定，向当地环境保护行政主管部门申报登记。

第二十三条　排放污染物超过国家或者自治区排放标准的，依照国家或者自治区的规定缴纳超标准排污费。

向水体排放污染物的，要依照国家或者自治区规定缴纳排污费，并负责治理。

征收的超标准排污费和排污费，要作为环境保护补助资金管理，由环境保护行政主管部门会同财政部门统筹安排用于环境保护事业，不得挪作他用。

......

第二十五条 因发生事故或者其他突发事件造成或者可能造成污染的单位，必须立即采取措施处理，及时通报可能受到污染危害的单位和居民，并向当地环境保护行政主管部门和有关部门作出报告。

环境保护行政主管部门要立即会同有关部门采取控制、防范措施，当环境严重污染、威胁到居民生命财产安全时，要立即向当地人民政府报告，由人民政府采取有效措施，减轻或者消除污染。

事故查清后，事故发生单位要向当地环境保护行政主管部门和有关部门作出事故处理结果的报告。

......

第二十七条 排放有毒、有害气体和烟尘、粉尘的单位，要采取除尘、净化、回收措施。排放装置要符合国家规定。

第二十八条 工业排水应清污水分流，分别处理，循环使用。

......

（2）《内蒙古自治区实施〈中华人民共和国环境影响评价法〉办法》

......

第二十三条 建设单位应当根据建设项目环境影响评价分类管理名录，组织编制建设项目环境影响报告书、环境影响报告表或者填写环境影响登记表（以下统称建设项目环境影响评价文件）。

建设项目环境影响评价分类管理名录未做规定的建设项目，其环境影响评价类别由自治区人民政府生态环境行政主管部门提出建议，报国务院生态环境行政主管部门认定后执行。

第二十四条 环境影响报告书、环境影响报告表应当由有资质的环境影响评价技术服务机构编写，环境影响登记表可以由建设单位自行填写。

……

第二十八条 除国家规定需要保密的情形外，建设单位在报批对环境可能造成重大影响的建设项目环境影响评价文件前，应当举行论证会、听证会或者采取其他方式，公开征求有关单位、公众和专家的意见。

建设单位报批的建设项目环境影响评价文件，应当附具对有关单位、专家和公众的意见采纳或者不采纳的说明。

……

第三十一条 建设项目的环境影响评价文件经批准后，建设项目的性质、规模、地点、采用的生产工艺或者防治污染、防止生态破坏的措施发生重大变动，且可能导致不利环境影响加重的，建设单位应当重新报批建设项目的环境影响评价文件。

建设项目的环境影响评价文件自批准之日起超过五年，方决定该项目开工建设的，其环境影响评价文件应当报原审批部门重新审核；原审批部门应当自收到建设项目环境影响评价文件之日起十日内，将审核意见书面通知建设单位。

第三十二条 建设项目配套的环境保护设施，应当与主体工程同时设计、同时施工、同时投产使用。

在建设项目建设过程中，建设单位应当实施建设项目环境影响评价文件以及环境保护行政主管部门在建设项目环境影响评价文件审批决定中提出的环境保护措施。

第三十三条 编制环境影响报告书、环境影响报告表的建设项目竣工后，建设单位应当按照国务院生态环境行政主管部门有关规定，对配套建设的环境保护设施进行验收。环境保护设施经验收合格，方可投入生产或者使用；未经验收或者验收不合格的，不得投入生产或者使用。

第三十四条　有下列情形之一的，建设单位应当按照生态环境行政主管部门规定的时间组织环境影响后评价：

（一）在项目建设、运行过程中产生不符合经批准的建设项目环境影响评价文件情形的；

（二）建设项目环境影响评价文件审批决定中规定应当进行环境影响后评价的。

建设单位开展环境影响后评价，发现有不良环境影响的，应当采取相应的污染防治措施，并将环境影响后评价情况以及采取的污染防治措施向审批该建设项目环境影响评价文件的生态环境行政主管部门和建设项目审批部门备案。

……

（3）《内蒙古自治区土壤污染防治条例》

……

第十二条　生产、使用、贮存、运输、回收、处置、排放有毒有害物质的单位和个人，应当采取有效措施，防止有毒有害物质渗漏、流失、扬散，避免土壤受到污染。

第十三条　工矿企业应当严格执行土壤污染防治相关标准和技术规范，加强工业废物处理处置。造成工矿用地土壤污染的企业应当承担治理与修复的主体责任。

第十四条　企业事业单位拆除设施、设备或者建筑物、构筑物等，应当采取相应的土壤和地下水污染防治措施。

第十五条　矿山企业在勘查、开采、选矿、运输、仓储等矿产资源开发活动中应当采取防护措施，防止废气、废水、尾矿、矸石等污染土壤环境。

矿山企业应当加强对废物贮存设施和废弃矿场的管理，采取防渗漏、封场、闭库、生态修复等措施，防止污染土壤环境。

⋯⋯

6.1.1.3　行业层面

（1）《煤炭工业环境保护暂行管理办法》

⋯⋯

第十二条　煤炭企业、事业单位环境保护的职责

①贯彻执行国家和上级有关部门及地方政府有关环境保护的方针、政策和法律、法规，制定本单位的环境保护管理制度，落实职能部门、车间的环境保护职责范围，并监督执行；

②编制本单位环境保护规划、环境保护产业发展规划和年度计划，将其纳入生产发展规划和计划中，并组织实施；

③认真执行建设项目环境影响评价制度和"三同时"制度；

④组织环境监测及地表形变观测，分析掌握矿区生态破坏和环境污染趋势；

⑤保证环境保护设施的正常运行和维护，做好操作人员的业务培训工作；

⑥建立环境保护档案，进行环境统计工作，按照有关规定及时、准确地上报环境报表，定期提交环境质量报告书；

⑦负责接待群众来访，并协调解决本单位造成的环境污染（或生态破坏）纠纷，提出处理意见，并向有关部门报告；

⑧对职工进行经常性的环境保护教育，普及环境保护知识，提高环境保护意识。

......

第十四条 煤炭工业新建、改建、扩建项目、技术改造项目、区域开发项目（以下简称建设项目），应在建设项目的可行性研究阶段提出环境影响报告书或环境影响报告表，经有关环境保护部门审批后，编制初步设计。

建设项目中防治污染及其他公害的设施，必须与主体工程同时设计、同时施工、同时投产。

煤炭企业扩建、改建或技术改造工程，应对原有污染源同时进行治理。

......

（2）《关于进一步加强煤炭资源开发环境影响评价管理的指导意见（征求意见稿）》

......

（五）对已批准的煤炭矿区总体规划，发生下列情形之一的，属于规划的重大调整，应编制煤炭矿区总体规划（修改版），同步开展规划环评，并按程序报批（审）：

......

4. 矿区内已有生产建设煤矿总规模（已建成煤矿和已核准建设煤矿产能之和）超过原矿区规划总规模的；

5. 单个煤矿建设规模（生产能力）增加幅度超过规划确定规模30%及以上的；

......

（十一）鼓励对煤矸石进行井下充填、发电、生产建筑材料、回收矿产品、制取化工产品、筑路、土地复垦等多途径综合利用，因地制宜选择合理的综合利用方式，提高煤矸石综合利用率。煤矸石的处置与综合利用应符合国家及行业相关标准规范要求。禁止建设永久性煤矸石堆放场（库），确需建设临时性堆放场（库）的，其占地规模应当与煤炭生产和洗选加工能力相匹配，原则上占地规模按不超过 3 年储矸量设计，且必须有后续综合利用方案。技术可行的条件下优先采用井下充填技术处置煤矸石，有效控制地面沉陷、损毁耕地，减少煤矸石排放量。

......

（十六）对存在"未批先建"等违法行为的，应严格执行《关于进一步加强环境影响评价违法项目责任追究的指导意见》（环办函〔2015〕389 号）的规定，依法实施行政处罚，追究相关人员责任。本指导意见印发后的新开工的"未批先建"行为或文件印发前开始持续到文件印发后的，有下列情形之一的，生态环境主管部门对违法行为从严处理，从重罚款，可以责令恢复原状：

1. 环评文件未经批准或重大变动未经环评审批建设项目基本建成或投入运行的；

2. 环评文件未经批准或重大变动未经环评审批在生态保护红线、自然保护地、饮用水水源保护区内开工建设的；

3. 环评文件未经批准或重大变动未经环评审批擅自开工建设造成了重大环境污染或严重生态破坏事件的。

......

6.1.1.4 排放标准

结合环境风险会诊企业项目情况，污染物排放需满足国家及地方的标准限值要求。具体排放标准结合相关环评、验收等要求来确定。本节以内蒙古东部某煤矿为例，展开分析探讨：

（1）执行排放标准

①水污染物排放标准。

生活污水排放标准执行《污水综合排放标准》（GB 8978—1996）一级标准，见表 6-1。

表 6-1　污水综合排放标准　　　　　　单位：mg/L（pH 除外）

项目	pH	SS	氨氮	COD	BOD$_5$	阴离子洗涤剂	石油类	动植物油
标准	6～9	70	15	100	20	5.0	5	10

矿井水排放标准执行《煤炭工业污染物排放标准》（GB 20426—2006）新建生产线排放标准，见表 6-2。

表 6-2　煤炭工业污染物排放标准　　　　　单位：mg/L（pH 除外）

项目	总汞	总铬	总镉	六价铬	总铅	氟化物	总砷	总锌
标准	0.05	1.5	0.1	0.5	0.5	10	0.5	2.0
项目	pH	总悬浮物	COD	石油类	总铁			
标准	6～9	50	50	5	6			

选煤废水闭路循环不外排。

②大气污染物排放标准。

锅炉烟尘和 SO$_2$ 排放浓度执行《锅炉大气污染物排放标准》（GB 13271—2014）二类区 Ⅱ 时段标准，见表 6-3。

表 6-3　锅炉大气污染物排放标准　　　　　　单位：mg/m³

项目	烟尘	二氧化硫	林格曼黑度
标准	200	900	Ⅰ 级

厂界无组织排放颗粒物排放标准执行《大气污染物综合排放标准》（GB 16297—1996）周界外颗粒物浓度最高点 1.0 mg/m³。

③噪声排放。

厂界噪声排放执行《工业企业厂界环境噪声排放标准》（GB 12348—2008）3 类区标准，见表 6-4。

表 6-4　工业企业厂界环境噪声排放标准　　　　单位：dB（A）

项目	昼间	夜间
标准	65	55

（2）其他标准

①《大气污染物综合排放标准》（GB 16297—1996）。

新建污染源排气筒高度一般不应低于 15 m（低于 15 m，排放速率严格 50% 执行），还应高出周围 200 m 半径范围内的建筑 5 m 以上，若高度达不到要求，排放速率严格 50% 执行。

②《煤炭工业污染物排放标准》（GB 20426—2006）。

除尘设备排气筒高度应不低于 15 m。

③《锅炉大气污染物排放标准》（GB 13271—2014）。

每个新建燃煤锅炉房只能设一根烟囱，最低高度不低于 20 m，锅炉总装机容量大于 28 MW（40 t/h），烟囱高度不得低于 45 m；烟囱周围半径 200 m 范围内有建筑物时，其烟囱应高出最高建筑物 3 m。排气筒高度达不到规定要求，最高允许排放浓度严格 50% 执行。

6.1.1.5　相关报告及批复的要求

梳理出企业相关环评报告、环评批复、验收报告、验收批复、清洁生产审核报告、排污许可证等关于环境保护方面的要求，作为环境风险会诊的依据之一。具体见表 6-5～表 6-8。

（1）环评报告要求

表 6-5 环评报告的相关要求——以蒙东某煤矿为案例

序号	项目		要求
1	"井田开发项目"环评报告	大气污染防治措施	1. 工业场地锅炉房选用 3 台 DZL20-1.25-A 型（20 t/h）蒸汽锅炉和 1 台 DZL10-1.25-A 型（10 t/h）蒸汽锅炉。冬季运行 3 台 20 t/h 锅炉，夏季运行 1 台 10 t/h 锅炉。烟气除尘采用 XD 型多管旋风除尘器，烟囱高 65 m，上口直径 1.6 m。 2. 各锅炉均需设置永久性采样孔。20 t/h 锅炉必须配备固定的烟气连续监测装置。排放的烟尘和二氧化硫浓度需满足《锅炉大气污染物排放标准》（GB 13271—2001）二类区 2 时段标准，除尘率不低于 90%。 3. 排矸场及时碾压并布设洒水除尘装置，定期洒水，减少矸石堆随风起尘。矸石排入后由沟里向外分段堆存，将矸石排至沟底后，由推土机推平、压实，使矸石堆保持密实。排矸场周边植树绿化，填满后覆土绿化。排矸场采用高压水枪洒水降尘，储满后进行复垦。 4. 主井井口房至原煤缓冲仓、原煤缓冲仓至筛分车间、筛分车间至主厂房、主厂房至产品仓、产品仓至装车站均采用全封闭轻钢结构胶带走廊，控制原煤输送系统煤尘的产生。转载点、振动筛、地面生产破碎筛分系统起尘点设置喷雾降尘装置。原煤缓冲仓、产品仓等仓顶设袋式除尘器除尘
		水污染防治措施	选煤厂煤泥水闭路循环，实现污水零排放

续表

序号	项目		要求
1	"井田开发项目"环评报告	噪声污染防治措施	1. 选用加工精度高、装配质量好、产生噪声低的设备。在项目平面布置中，考虑利用建筑物的围护结构来阻隔声波的传播。通过采取涂阻尼涂料、衬耐磨橡胶、设存料挡板、包扎泡沫塑料等措施控制溜槽噪声。 2. 筛分破碎车间采用隔声门、隔声窗；在破碎机等震动较强的机械设备上安装减震器和隔振器；工作人员佩戴耳塞或耳罩；提升机房作隔声处理，并设置隔声值班室。 3. 以硫化橡胶筛板代替钢筛板；选用高隔振性能材料，减少向楼板等支承结构传振。采用钢弹簧与橡胶复合中联式隔振结构。 4. 在筛机四周设置吸声屏，上方空中悬吊不同开头的吸声体。 5. 在风机口上加设消声塔或折流式进风消声道，在机房内噪声直达的墙壁和屋顶上悬挂平板式吸声板，主井提升机房采取隔声方式。 6. 空压机噪声选用的空压机均配有进气消声器，机房采用双层真空玻璃隔声门窗，同时在机房内布置隔声值班室，机房外的压风管道均外敷吸声材料。 7. 锅炉鼓、引风机噪声治理措施是：①引风机安装时应设惰性基础和减震垫；②引风机分别加设进风口和出风口消声器；鼓风机加设 P 型进风口消声器，引风机加设阻抗复合式 F 型进风和出风消声器。 8. 厂区进行绿化，加强矿区绿化措施
		固体废物污染防治措施	1. 选煤厂矸石用胶带输送机走廊集中运输到排矸场。矸石用推土机和压路机推平压实，充分压实后，种植耐碱性、抗贫瘠的植物。矸石场周边植树绿化。 2. 根据 ×× 公司与 ×× 热电厂及 ×× 自备电厂签订的协议书，待电厂建成后，全部矸石均可综合利用。 3. 生活垃圾全部由 ×× 环卫局统一清运。 4. 锅炉和热风炉产生的灰渣无偿提供给 ×× 砖厂。矿井水处理过程中产生的煤泥纳入选煤厂煤泥水处理系统。污水处理产生的污泥经堆肥处理后用于绿化

续表

序号	项目		要求
2	"选煤厂改造项目"环评报告	大气防治措施	1.脱粉车间：全封闭，厂房内设置2台防爆型湿式振弦除尘器。 2.全封闭，各个栈桥、转载点设置14台喷雾除尘设施
		废水防治措施	回用于除尘工序
		固废防治措施	除尘灰掺入混煤外售
		噪声防治措施	噪声源主要为末煤脱粉筛等设备运行时产生的噪声，声压级为65~95 dB（A）。通过选用低噪声设备，基础减震并经距离衰减后可有效减轻噪声对外界的影响，噪声满足《工业企业厂界环境噪声排放标准》（GB 12348—2008）中2类标准要求
3	"锅炉改造项目"环评报告		环评手续补办中

（2）环评批复要求

表 6-6　环评批复的相关要求——以蒙东某煤矿为案例

序号	项目	要求
1	"井田开发项目"环评批复（环审［20××］××号）	1.矿井水与生活污水回用率应达到100%。矿井水经处理后，回用于井下消防洒水和选煤厂生产补充用水，生产、生活污水经处理后，回用于地面洒水和工业场地绿化。 2.选煤厂建1座1 000 m³的防渗事故池，煤泥水闭路循环，实现污水零排放。 3.提高煤矸石的综合利用率。排矸场分层压实后，种植耐碱性植物，防止自燃和溃坝。生产期掘进矸石不出井，直接用于充填采空区。运营期煤矸石用于待建的×××电厂和×××化学工业有限公司自备电厂作为燃料。 4.项目建设必须执行配套的环境保护设施与主体工程同时设计、同时施工、同时投入使用的环境保护"三同时"制度

续表

序号	项目	要求
2	"选煤厂改造项目"环评批复	1. 认真落实《报告表》中提出的大气污染防治措施。筛分破碎置于封闭车间内，并设置除尘装置；栈桥和转载点设置喷雾除尘设施；煤炭厂内采取全封闭输送方式。通过采取以上措施，确保粉尘排放满足《煤炭工业污染物排放标准》（GB 20426—2006）中相应限值要求。 2. 按照地方管理要求安装视频监控系统。 3. 加强运营期管理，运输道路硬化，定时洒水抑尘，同时加强对运输车辆的管理，减少扬尘污染。 4. 强化废水处理与回用，实行雨污分流、清污分流。除尘废水循环利用，不得外排。厂区按规范采取防渗措施，避免废水下渗对区域地下水产生影响。厂区内地面须硬化，四周设置导流渠对雨水进行收集，最终进入沉淀池沉淀后回用，避免雨水冲刷对周边环境造成影响。 5. 应采取妥善控制措施，确保厂界噪声满足《工业企业厂界环境噪声排放标准》（GB 12348—2008）2 类标准要求。 6. 妥善处置各类固体废弃物。严格按照《危险废物贮存污染控制标准》（GB 18597—2001）（及其修改单）及《一般工业固体废物贮存和填埋污染控制标准》（GB 18599—2020）（及其修改单）的要求，分类做好危险废物和一般固体废物的贮存与安全处置。一般固体废物立足综合利用，危险废物应交由有资质单位处置。 7. 建设单位须强化环境风险防范。制定环境风险应急预案，落实环境风险事故防范措施，提高事故风险防范和污染控制能力。 8. 项目建设必须严格执行环境保护"三同时"制度。项目竣工后，须按照规定程序实施竣工环境保护验收
3	"锅炉改造项目"环评批复	无环评批复手续

（3）验收报告要求

表 6-7　验收报告的相关要求——以蒙东某煤矿为案例

序号	项目		要求
1	"井田开发项目"验收报告	废水污染防治措施	选煤工艺为重介浅槽。煤泥水闭路循环，厂内设有 2 台高效浓缩机，1 用 1 备。产生的煤泥水经浓缩机絮凝、沉淀后清水返回循环水箱循环利用，底泥经压滤机压滤，压滤机滤液返回浓缩机重新处理，煤泥混入混煤出售。事故煤泥水进入备用浓缩机处理，保证洗煤废水闭路循环。实际建有 1 座 3 000 m³ 的事故水池，满足应急事故需要
		大气污染防治措施	1. 工业场地锅炉房实际为 4 台 SZL20-1.25-1II 型（20 t/h）锅炉和 1 台 DZL10-1.25-A 型（10 t/h）蒸汽锅炉，采暖期运行 3 台 20 t/h 锅炉，夏季运行 1 台 10 t/h 锅炉，1 台 20 t/h 锅炉备用。烟气除尘采用麻石水膜除尘器，烟囱高 70 m，上口直径 2.0 m。 2. 20 t/h 锅炉没有配备烟气连续监测装置。根据监测报告结果，实际烟尘、二氧化硫排放浓度满足《锅炉大气污染物排放标准》（GB 13271—2014）二类区 2 时段标准，但除尘率未全部达到不低于 90% 的要求。工业场地、风井场地、排矸场 SO₂ 和 TSP 厂界无组织排放浓度满足《大气污染物综合排放标准》（GB 16297—1996）无组织排放监控浓度限值。 3. 矸石场未设置高压水枪洒水，配备洒水车进行定期洒水。 4. 井口房至原煤缓冲仓、原煤缓冲仓至筛分车间、筛分车间至主厂房、主厂房至产品仓、产品仓至装车站均采用全封闭轻钢结构胶带走廊。在转载点、振动筛等起尘点设置了旋风除尘装置；筛分破碎机、皮带运输机、转载点上方设有集尘罩，使设备产生含尘气体经吸尘罩进入旋风除尘器。原煤缓冲仓、产品仓为全封闭筒仓，未设置除尘器件。 5. 厂区已配备洒水车，厂区附近的道路由专人负责洒水

续表

序号	项目		要求
1	"井田开发项目"验收报告	噪声污染防治措施	1.对产噪厂房、车间进行集中布置，并分区布置了生产车间和办公室、宿舍区的位置；引进低噪声设备，同时有些设备供应方已提供相应的降噪设施。实际建设中采用建筑物围挡进行隔声。 2.筛分破碎车间采用隔声门、隔声窗，并设立了隔声操作间。筛分破碎机设备本身配备减振器，并安装在减振垫上；振动筛基础没有弹簧减振动器；为工人佩戴耳塞、耳罩；主副立井提升机房设置隔声值班室。 3.衬耐磨橡胶控制溜槽噪声；振动筛筛板溜槽转载部位采用橡胶铺垫。部分钢筛板替换为树脂筛板。 4.未在筛机四周设置吸声屏。 5.矿井风机设备自带消声器；通风机械设隔振机座和软性连接，并置于风机隔声间；风井风机排气设扩散塔；风机房采用隔声门窗。 6.空压机设备自带消声器，机房采用隔声值班室。 7.锅炉房和空气加热室设置隔声门窗，锅炉引风机均设置减振基础，但引风机进排气口未按照环评要求安装消声器。 8.建筑物周围空地以及工业场地周围种植乔灌木进行了绿化，在道路沿线两侧建设了绿化带
		固废污染防治措施	1.矸石场面积增大。洗选矸石排至排矸场，环评批复矸石场面积42 hm²，现矸石场实际占地面积64.4 hm²。验收调查期间平整压实面积45 hm²，覆土面积约30 hm²，采用沙柳网格绿化，绿化面积约7 hm²，未绿化面积计划来年实施绿化。 2.矸石未能综合利用。本项目环评批复矸石用于上湾热电厂和亿利自备电厂燃料，上湾电厂已经投产，能年消耗矸石130万t，亿利自备电厂尚未建成，预计于2011年2月投产，年消耗矸石300万t。试运行期间矸石未能综合利用，矸石全部堆存于矸石场。计划于2011年2月开始实施综合利用。 3.生活垃圾集中收集后，由乌兰木伦镇环卫部门统一处理。 4.锅炉和热风炉产生的灰渣出售给乌兰集团松定霍洛砖厂，目前无存放。煤泥纳入选煤厂煤泥水处理系统。污水处理厂产生污泥经堆肥处理后回用于绿化

续表

序号	项目	要求
2	"选煤厂改造项目"验收报告	无
3	"锅炉改造项目"验收报告	无

（4）验收批复要求／验收意见要求

表 6-8 验收批复的相关要求——以蒙东某煤矿为案例

序号	项目	要求
1	"井田开发项目"验收批复（环验〔20××〕××号）	1. 尽快对工业场地南厂界、进场公路等处采取降噪措施，确保敏感点声环境质量达标； 2. 采取有效措施提高矸石综合利用率，做好矸石场的生态恢复工作； 3. 工程投入运行后适时开展环境影响后评价工作； 4. 尽快安装环境在线监测装置，并与当地环保部门联网； 5. 进一步完善环境风险防范预案和应急措施； 6. 加强对各项环保设施的日常管理与维护，确保各类污染物长期稳定达标排放
2	"选煤厂改造项目"验收意见	正在建设，尚未验收
3	"锅炉改造项目"环评批复	无

（5）清洁生产审核报告要求

本节结合企业已开展清洁生产审核工作成果，梳理分析清洁生产审核工作开展成效，提出相关整改建议。

以蒙东某矿为例，针对其已开展清洁生产审核报告建议如下：

①虽然本次清洁生产审核取得了一定效果，但与清洁生产先进水平还有一定差距，今后企业应从降低能耗方面入手，对设备进行技术改造或更

新以达到清洁生产的目的。

②完善清洁生产组织机构。清洁生产组织机构的建立，反映企业对清洁生产工作的态度，决定了清洁生产工作是否在企业坚持下去，企业应继续通过完善组织机构，加强对清洁生产工作的领导和管理，进一步落实清洁生产人员和资金，推进清洁生产方案的实施，实现企业节能减排、可持续发展的目标。

③职工的定期培训。使员工不断地接受新的清洁生产知识，提高员工的素质，将最新的清洁生产信息和技术传授给员工，有利于企业清洁生产审核过程中方案的产生。

④持续开展清洁生产审核工作。认真落实清洁生产审核计划，组织开展清洁生产审核宣贯培训，有效落实无/低费方案的实施。

（6）排污许可证的要求

排污许可证的相关要求见表6-9。

表6-9 排污许可证的相关要求

序号	项目	要求——以蒙东某煤矿为例
1	大气污染物排放	排放口参数 烟囱1：污染物种类——二氧化硫、汞及其化合物，颗粒物，烟气黑度，氮氧化物； 排气筒高度65 m，排气筒出口内径1.6 m，排气温度：常温； 烟囱2：污染物种类——二氧化硫，汞及其化合物，颗粒物，烟气黑度，氮氧化物； 排气筒高度65 m，排气筒出口内径0.7 m，排气温度：常温
		有组织排放浓度限值： 氮氧化物：400 mg/Nm³；汞及其化合物：0.05 mg/Nm³；烟气黑度：Ⅰ级； 颗粒物 80 mg/Nm³；二氧化硫 400 mg/Nm³。 无组织排放浓度限值： 厂界颗粒物：1.0 mg/Nm³

续表

序号	项目	要求——以蒙东某煤矿为例
1	大气污染物排放	排放总量： 颗粒物 17.199 602 t/a；SO₂：68.798 410 t/a；NOₓ：85.998 012 t/a
2	水污染物排放	排放口：脱硫废水排放口 排放浓度限值： 总铅 1.0 mg/m³；总镉 0.1 mg/m³；总汞 0.05 mg/m³；氟化物 20 mg/m³；硫化物 2.0 mg/m³；总砷 0.5 mg/m³；化学需氧量 500 mg/m³；pH 值 6～9；悬浮物 400 mg/m³。 无排放总量
3	固体废物	锅炉灰渣：产生量 900 t/a，委托处置
4	自行监测（委托第三方开展监测）	烟囱 1： 监测污染物：汞及其化合物、氮氧化物、烟气黑度、颗粒物、二氧化硫 监测频次：1 次 / 季度（汞及其化合物、烟气黑度）；一次 /6 h（氮氧化物、颗粒物、二氧化硫） 采样方法及个数：非连续采样至少 4 个； 监测时间：采暖期进行监测
		烟囱 2： 监测污染物：汞及其化合物、氮氧化物、烟气黑度、颗粒物、二氧化硫 监测频次：1 次 / 季度（汞及其化合物、烟气黑度）；一次 /6 h（氮氧化物、颗粒物、二氧化硫） 采样方法及个数：非连续采样至少 4 个（汞及其化合物、氮氧化物、烟气黑度、二氧化硫）；非连续采样至少 3 个（颗粒物） 监测时间：采暖期进行监测
		厂界： 监测污染物：颗粒物； 监测频次：1 次 / 季度； 采样方法及个数：非连续采样至少 4 个
		废水（脱硫废水排放口）： 监测污染物：总铅、总镉、总砷、pH、总汞； 监测频次：1 次 / 月； 采样方法及个数：瞬时采样至少 3 个

续表

序号	项目	要求——以蒙东某煤矿为例				
		类别	记录内容	记录频次	记录形式	其他信息
5	环境管理台账	基本信息	1. 排污单位基本信息：排污单位名称、生产经营场所地址、行业类别、法定代表人、统一社会信用代码、环保投资情况、环境影响评价审批意见文号、排污权交易文件及排污许可证编号等。 2. 主要生产设施基本信息：设施名称、编码、设施规格型号、规格参数等。 3. 污染防治设施基本信息：设施名称、编码、设施规格型号、相关技术参数及设计值	对于未发生变化的基本信息1次/年；发生变化的基本信息，在发生变化时记录1次	电子台账＋纸质台账	至少保存三年
		监测记录信息	按照自行监测要求的内容及频次监测并记录，存档监测报告	按监测频次要求记录，按月汇总	电子台账＋纸质台账	至少保存三年
		其他环境管理信息	无组织防治措施管理信息、固体废物收集处置信息等	1次/d	电子台账＋纸质台账	至少保存三年

续表

序号	项目	要求——以蒙东某煤矿为例				
5	环境管理台账	生产设施运行管理信息	1.正常工况：①运行状态：开始时间、结束时间。②燃料使用情况：燃料名称、用量。③生产负荷：主要产品产量与设计生产能力之比。④主要产品产量：产品名称、产量。⑤燃料信息：名称、采购时间、采购量、燃料分析数据等。 2.非正常工况：起止时间、产品产量、燃料消耗量、事件原因、应对措施、是否报告等	a）正常工况：1）运行状态：1次/d。2）生产负荷：1次/d。3）产品产量：1次/d。4）燃料：按采购批次记录：1次/批。b）非正常工况：按照工况期记录，1次/工况期	电子台账+纸质台账	至少保存三年

续表

序号	项目	要求——以蒙东某煤矿为例			
5	环境管理台账	污染防治设施运行管理信息	a）正常运行情况：1）有组织废气治理设施：开始时间、结束时间、是否正常运行；烟气排放情况（标态烟气量、排放口污染物浓度实测及折算值）；副产物名称及产量；主要药剂使用情况等。涉及DCS/PLC控制系统的，按照锅炉行业技术规范要求记录彩色曲线图，包括：负荷、烟气量、氧含量、总排放口浓度实测值与折算值、烟温等。2）无组织废气治理设施：厂区洒水抑尘次数、抑制剂种类、车轮清洗方式、燃料场地封闭、苫盖情况、是否出现破损等情况；3）废水治理设施：开始时间、结束时间、是否正常运行、污泥产生量及处理方式、主要药剂投加情况。b）异常情况：起止时间、污染物排放浓度、异常原因、应对措施、是否报告等	a）正常情况：1）运行情况：1次/d。2）控制系统曲线图：1次/周。b）异常情况：按照异常情况期记录，1次	电子台账+纸质台账	至少保存三年

103

续表

序号	项目	要求——以蒙东某煤矿为例		
		主要内容	上报频次	其他信息
6	执法（守法）报告	1.主要污染物实际排放量核算信息、合规判定分析说明； 2.超标排放或污染防治设施异常的情况说明； 3.各月度生产小时数、主要燃料及其消耗量等	季报	1.执行报告详细要求按照《排污许可证申请与核发技术规范　锅炉》（HJ 953—2018）中"执行报告编制规范"执行； 2.季度执行报告于每年4月5日之前、7月5日之前、10月10日之前上报
6	执法（守法）报告	1.基本生产信息； 2.污染防治设施运行情况； 3.自行监测情况； 4.环境管理台账记录执行情况； 5.实际排放情况及合规判定分析； 6.信息公开情况； 7.排污单位内部环境管理体系建设与运行情况； 8.其他排污许可证规定的内容执行情况； 9.其他需要说明的问题； 10.结论； 11.附图附件等内容	年报	1.如有其他紧急需要上报的信息，企业应配合环保部门完成上报。 2.执行报告详细要求按照《排污许可证申请与核发技术规范　锅炉》（HJ 953—2018）中"执行报告编制规范"执行。 3.年报执行报告于次年1月15日之前上报

序号	项目	要求——以蒙东某煤矿为例
7	信息公开	公开方式：全国排污许可证管理信息平台 - 公开端； 时间节点：及时公开，及时更新； 公开内容： 1. 基本信息，包括单位名称、组织机构代码、法定代表人、生产地址、联系方式，以及生产经营和管理服务的主要内容、产品及规模； 2. 排污信息，包括主要污染物及特征污染物的名称、排放方式、排放口数量和分布情况、排放浓度和总量、超标情况，以及执行的污染物排放标准、核定的排放总量； 3. 防治污染设施的建设和运行情况； 4. 建设项目环境影响评价及其他环境保护行政许可情况； 5. 自行监测信息； 6. 执行报告中的相关内容； 7. 其他应当公开的环境信息。 其他信息：按照《企事业单位环境信息公开办法》和《排污许可管理办法》（试行）执行

6.1.2　企业的环保行为

6.1.2.1　环保手续

（1）环评手续

本次环境风险会诊涉及的 3 个项目中，"中国 ×× 股份有限公司 ×× 井田开发项目"已履行环评手续（环审〔20××〕×× 号，附件 1），但"新增浓缩池项目"尚未履行环评手续；"×× 集团 ×× 选煤厂提质改造项目"已履行环评手续（环审字〔20××〕×× 号，附件 2）；"锅炉提标改造项目"尚在补办环评手续。

具体见表 6-10。

表 6-10　企业环评手续履行情况

序号	项目	现状	存在问题
1	中国 ×× 有限公司 ×× 井田开发项目	环审〔20××〕×× 号	×× 部分存在批建不符问题
2	×× 集团 ×× 选煤厂改造项目	鄂环审字〔20××〕×× 号	手续齐全
3	锅炉提标改造项目	无	尚在补办环评手续

（2）验收手续

与项目环评手续履行情况进行一一对应，"中国 ×× 股份有限公司 ×× 井田开发项目"已履行了验收手续（环验〔20××〕×× 号），但"新增的浓缩池项目"未履行环评手续，亦无验收手续；"×× 集团 ×× 选煤厂提质增效改造项目"正在建设中，建设完成后，建议企业尽快完成自主验收工作；"锅炉提标改造项目"无验收手续。

具体见表 6-11。

表 6-11　企业验收手续履行情况

序号	项目	现状	存在问题
1	中国 ×× 有限公司 ×× 井田开发项目	环验〔20××〕×× 号	"新增 ×× 厂房"尚未验收
2	×× 集团 ×× 选煤厂提质增效改造项目	正在建设中	尚未验收
3	锅炉提标改造项目	无	尚未验收

（3）排污许可证

企业在排污许可证申领方面的实际情况：

①排污许可证的相关要求。

企业已于 2019 年 9 月完成了排污许可证的申领工作。

排污许可证的相关要求：

● 排放总量。

废气排放源包含 5 个燃煤锅炉的 2 个烟囱。排污许可证的排放总量要求见表 6-12。

表 6-12 排污许可证的排放总量要求

序号	项目	排放总量 /（t/a）		
		第一年	第二年	第三年
1	颗粒物	17.199 602	17.199 602	17.199 602
2	SO_2	68.798 41	68.798 41	68.798 41
3	NO_x	85.998 012	85.998 012	85.998 012
4	VOCs	—	—	—

排污许可证的废气排放源仅包含两个锅炉烟囱，未包含选煤厂筛分楼和装车站的有组织排放源。

②环境管理台账记录。

排污许可证对选煤厂的环境管理台账要求，企业目前尚未按照要求执行环境管理台账制度。

③自行监测。

选煤厂和矿业服务公司的锅炉房均已制订自行监测方案。

监测方案内容基本齐全，已包含监测点位及示意图、监测指标、监测频次；用的监测分析方法、采样方法；监测质量保证与质量控制要求；监测数据记录、整理、存档要求等，但监测点位中没有包括筛分楼和装车站的有组织排放源。

④执行报告。

排污许可证要求企业完成执行报告，目前，尚未收集到企业的执行报告。

⑤信息公开。

排污许可证要求企业及时对企业的环境信息进行公开，并及时更新。目前，尚未收到企业关于环境信息公开的资料。

（4）环境保护税

收集到企业关于废水、废气环境保护税缴纳完税证明相关资料。

（5）清洁生产审核

企业分别于2011年和2019年编制完成《中国××股份有限公司××集团××煤矿清洁生产审核报告》和《中国××股份有限公司××煤炭分公司××矿井及选煤厂第二轮自愿性清洁生产审核报告》并通过了评估。

6.1.2.2　日常环境管理

按照督察要点、法律法规、相关报告及批复等要求，逐一核实企业的日常环境管理行为。

（1）水污染防治设施

①煤泥水闭路循环。

环评、验收要求选煤厂的煤泥水实现闭路循环。

选煤厂产生的污水主要为煤泥水，选煤厂建设了4座直径35 m的浓缩池和1座直径45 m的浓缩池，2台直径35 m的浓缩机供块煤系统使用，一用一备。产生的煤泥水经浓缩机絮凝、沉淀后清水返回循环水箱循环利用，底泥经压滤机压滤，压滤机滤液返回浓缩机重新处理。煤泥水能够做到闭路循环、不外排。

需核实企业选煤厂的水平衡，是否能够做到煤泥水闭路循环。

②事故水池的建设。

"井田开发项目"环评批复、验收报告：建有1座3 000 m³的事故水池，满足应急事故需要。

现场考察时，选煤厂出现了废水渗出厂房外的现象，见图 6-1。

图 6-1　选煤厂废水外渗

③雨污分流实施情况。

"井田开发项目"环评、验收要求：实现雨污分流。

需向企业收集相关资料：初期雨水收集池（收集下雨初期的雨水，有轻度污染的水质，需进入污水处理厂）的建设及容量；雨水收集系统是否采用明沟建设，是否有防渗措施。

以此证明雨污分流的实施情况。

④存在的问题。

➤ 事故水池未建设，不符合"井田开发项目"环评报告及批复的要求；

➢ 选煤厂废水外渗，不符合"井田开发项目"环评报告及批复"零排放"的要求，需要整改；

➢ 需核实初期雨水收集池的建设情况，不符合"井田开发项目"环评报告"雨污分流"的要求。

➢ 需核实选煤厂水平衡图，是否实现煤泥水闭路循环，符合"井田开发项目"环评报告及批复的要求。

（2）大气污染防治设施

①锅炉房的日常运营。

锅炉的性能指标。

燃烧设备的运行状况。

是否有控制二氧化硫和氮氧化物排放的措施（如低氮燃烧等）：工业场地 5 台锅炉均设置了石灰-石膏湿法脱硫，风井场地 3 台锅炉均增加了炉内喷钙法脱硫工艺。未收到锅炉房废气监测数据，本报告无法核实废气排放是否达标。

②大气污染防治设施。

污染物净化系统：工业场地 5 台锅炉均设置了石灰-石膏湿法脱硫、袋式除尘器除尘，风井场地 3 台锅炉均增加了炉内喷钙法脱硫工艺。

废气排放口是否规范：选煤厂筛分楼的排气筒和装车站布袋除尘器排气筒的设置均不规范，排气筒高度未高出周围半径 200 m 范围内的建筑物 5 m 以上，且筛分楼的部分排气筒高度低于 15 m，不满足《煤炭工业污染物排放标准》（GB 20426—2006）和《大气污染物综合排放标准》的相关要求。具体见图 6-2。

筛分楼湿式除尘器

筛分楼排气筒

筛分楼排气筒

筛分楼排气筒

筛分楼排气筒　　　　　　　　　　装车站排气筒

图 6-2　废气处理设施现场

是否在禁止区域设置排气筒：否。

排气筒上是否设置采样口和采样监测平台：附照片。

是否按照环保部门要求安装在线监控设施：验收批复要求企业"尽快安装环境在线监测装置，并与当地环保部门联网"；排污许可证自行监测的部分污染物浓度（颗粒物、氮氧化物、二氧化硫）是通过"烟气污染物在线监测设备"获取的。

③无组织排放。

未收集到企业边界无组织排放监测数据，本报告无法核实是否达标排放。

④废气的收集、输送。

井口房至原煤缓冲仓、原煤缓冲仓至筛分车间、筛分车间至主厂房、主厂房至产品仓、产品仓至装车站均采用全封闭轻钢结构胶带走廊。筛分破碎机、皮带运输机、转载点上方设有集尘罩，使设备产生含尘气体经吸尘罩进入旋风除尘器。

⑤脱粉车间。

"选煤厂改造项目"环评报告中,《关于规范化、标准化建设鄂尔多斯市环境网格化监管暨"12369"应急指挥中心企业端视频监控系统的通知》(鄂环发〔2018〕284号)要求:本项目建设的脱粉车间外设置视频监控点位,确保监控区域无死角和监控画质高清晰,并与鄂尔多斯市环境网格化监管平台联网。

⑥废气处理设施的运行台账。

核实企业废气处理设施的运行台账,查看记录是否规范、完整。

⑦存在的问题。

➢ 核实企业的例行环境监测,废气(有组织和无组织)是否达标排放;不符合"井田开发项目"环评报告的要求(环境监测制度)。

➢ 筛分楼和装车站除尘器的排气筒高度设置不规范,不符合"井田开发项目"环评报告、《大气污染物综合排放标准》和《煤炭工业污染物排放标准》的要求。

➢ 脱粉车间视频监控未安装,不符合"选煤厂改造项目"环评报告的要求。

(3)固体废物处置

①危险废物的处置。

● 危险废物处置的合规性。

危险废物管理计划:核实企业是否编制《危险废物管理计划》并向当地环保部门备案;是否有危险废物转移计划;是否有危险废物管理台账。

● 危险废物环境管理制度。

企业已经建立环境保护责任制度,且明确单位负责人和相关人员的责任。

● 危废贮存。

企业危险废物贮存场所符合《危险废物贮存污染控制标准》（GB 18597—2013）的规定。

● 危废处置的合法性。

核实企业与委托第三方的协议，第三方的资质和处理能力是否符合要求。

②一般工业固废的处置。

● 矸石综合利用。

按照"井田开发项目"环评和验收的要求，矸石运至××公司、××热电厂及×××自备电厂进行综合利用。目前，企业的掘进矸石直接用于井下充填，洗煤厂产生的矸石排入矸石厂，尚未进行综合利用。

● 煤泥和污泥。

矿井水处理站煤泥混入末煤出售，生活污水处理站污泥用来堆肥。

● 生活垃圾。

生活垃圾经矿业服务公司集中收集后由伊金霍洛旗环卫部门统一处理。

● 锅炉灰渣。

锅炉灰渣储存到灰渣仓后用于乌兰集团松定霍洛砖厂的制砖材料。

固体废物处理现场见图6-3。

选煤厂手选后废物处置　　　　　　　排矸点

锅炉房灰渣场　　　　　　　　　锅炉房灰渣积水坑

图 6-3　固废处理现场

③存在的问题。

目前，企业存在以下几方面的问题，不符合"井田开发项目"环评报告及批复的相关要求。

- 选煤厂手选阶段所产生的垃圾露天堆放；
- 部分地面未硬化；
- 排矸点无任何防尘措施；
- 锅炉房有灰渣积水坑未清理；
- 锅炉房的灰渣场是半封闭状态，粉状物料建议全封闭处置；

④选煤矸石未实现综合利用。

（4）噪声污染防治

①噪声防治措施。

"井田开发项目"环评报告：厂界噪声执行《工业企业厂界噪声标准》（GB 12348—90）3类标准。

按照"选煤厂改造项目"环评批复的要求，应采取妥善控制措施，确保厂界噪声满足《工业企业厂界环境噪声排放标准》（GB 12348—2008）2类标准要求。

目前企业采取的噪声防治措施如下：①对产噪厂房、车间进行集中布置，并分区布置了生产车间和办公室、宿舍区的位置；引进低噪声设备，同时部分设备供应方已提供相应的降噪设施。实际建设中采用建筑物围挡进行隔声。②筛分破碎车间采用隔声门、隔声窗，并设立了隔声操作间。筛分破碎机设备本身配备减振器，并安装在减振垫上；振动筛基础没有弹簧减振动器；为工人佩戴耳塞、耳罩；主副立井提升机房设置隔声值班室。③衬耐磨橡胶控制溜槽噪声；振动筛板溜槽转载部位采用橡胶铺垫。部分钢筛板替换为树脂筛板。④未在筛机四周设置吸声屏。

2019年对选煤厂南厂界进行了噪声治理，根据企业2020年例行环境监测数据，厂界噪声已达标排放（按照3类区达标，2类区不达标）。

表6-13 选煤厂厂界噪声监测 单位：dB（A）

检测日期	检测时间	监测点					标准限值
		1#	2#	3#	4#	5#	
3月23日	昼间	54.3	58.2	63.6	64	59.7	65
	夜间	53.8	54	54.9	54.6	53.9	55
5月15日	昼间	53.6	53.1	54.2	54.5	54.7	65
	夜间	49.6	49.9	51.3	52.5	52.8	55
8月4日	昼间	54.9	53.5	56.9	59.6	59.1	65
	夜间	52.7	51.9	53.4	54.6	54.4	55

②存在的问题。

企业需核实选煤厂厂界噪声排放执行的标准限值，以此界定厂界是否超标排放。

（5）《突发环境事件应急预案》

①应急预案编制。

企业于2018年8月编制了《××集团公司 ××煤矿环境风险评估报告》《××煤炭集团公司 ××煤矿环境应急资源调查报告》《××煤矿突发环境事件应急预案》，并在 ××旗生态环境局进行了备案。

按照《××煤矿突发环境事件应急预案》要求，应每年进行综合性应急处置演练一次，各相关部门每半年组织一次专项应急演练，企业尚未开展演练工作。

②存在的问题。

企业未按照《××煤矿突发环境事件应急预案》的要求进行演练，不符合《突发环境事件应急预案管理暂行办法》的要求。

（6）环境监测制度

目前尚未收集到企业日常环境监测报告，需核实企业是否按照"井田开发项目"环评报告和排污许可证的要求履行了环境监测制度。

（7）环保设施运行台账

目前尚未收集到企业完整的环保设施运行台账，需核实企业是否按照"井田开发项目"环评报告、排污许可证、《中华人民共和国水污染防治法》和《中华人民共和国固体废物污染环境防治法》等要求履行了环保设施运行台账制度。

6.1.3　符合性会诊

企业环保行为的符合性分析详见表6-14。

表6-14　企业环保行为的符合性分析

序号	法律法规	要求	企业的环保行为	符合性	整改措施
1	《环境保护法》	第十九条　编制有关开发利用规划，建设对环境有影响的项目，应当依法进行环境影响评价。未依法进行环境影响评价的建设项目，不得开工建设	1.《中国××股份有限公司××井田开发项目》——已履行环评手续（环审〔20××〕××号），但已审批项目未包含新增的2座直径为35 m和1座直径45 m的浓缩池； 2.《××煤炭集团××选煤厂提质增效改造项目》——已履行环评手续（鄂环审字〔20××〕××号）； 3.《锅炉提标改造项目》——未履行环评手续	不符合	1."新增浓缩池项目"履行环评手续； 2."锅炉改造项目"履行环评手续

序号	法律法规	要求	企业的环保行为	符合性	整改措施
2	《建设项目竣工环境保护验收暂行办法》	建设项目竣工后，建设单位应当如实查验、监测、记载建设项目环境保护设施的建设和调试情况，编制验收监测（调查）报告	1."××井田开发项目"已履行了验收手续（环验〔20××〕××号），但"新增的浓缩池项目"未履行环评手续，亦无验收手续； 2."选煤厂改造项目"正在建设中，无验收手续； 3."锅炉改造项目"无验收手续	不符合	1."新增浓缩池项目"建设完成后，建议企业尽快完成自主验收工作； 2."选煤厂改造项目"建设完成后，建议企业尽快完成自主验收工作； 3."锅炉改造项目"建设完成后，建议企业尽快完成自主验收工作
3	《建设项目环境影响后评价管理办法（试行）》	第三条　下列建设项目运行过程中产生不符合经审批的环境影响报告书情形的，应当开展环境影响后评价： （一）水利、水电、采掘、港口、铁路行业中实际环境影响程度和范围较大，且主要环境影响在项目建成运行一定时期后逐步显现的建设项目，以及其他行业中穿越重要生态环境敏感区的建设项目。 第八条　建设项目环境影响后评价应当在建设项目正式投入生产或者运营后三至五年内开展	2017年12月编制完成《××能源股份有限公司××煤炭分公司环境影响后评价报告书》	符合	建议间隔3～5年开展一次后评价
4	验收批复	工程投运后适时开展环境影响后评价工作			

续表

序号	法律法规	要求	企业的环保行为	符合性	整改措施
5	《清洁生产审核办法》	第十一条 实施强制性清洁生产审核的企业，应当在名单公布后一个月内，在当地主要媒体、企业官方网站或采取其他便于公众知晓的方式公布企业相关信息	企业已编制完成两期清洁生产审核报告（2011年和2019年）	基本符合	清洁生产审核报告未起到清洁生产节能高效的实际作用，集团对下属企业强制性清洁生产审核掌握不到位，部分企业清洁生产能耗指标吨原煤生产综合能耗上升。此外，现场跑冒滴漏问题较多，存在高耗能落后需淘汰的电机、泵、三相异步电动机、风机等没有淘汰
6	《清洁生产促进法》	第二十七条 实施强制性清洁生产审核的企业，应当将审核结果向所在地县级以上地方人民政府负责清洁生产综合协调的部门、环境保护部门报告，并在本地区主要媒体上公布，接受公众监督，但涉及商业秘密的除外			
7	《环境保护税法》	第二条 在中华人民共和国领域和中华人民共和国管辖的其他海域，直接向环境排放应税污染物的企业事业单位和其他生产经营者为环境保护税的纳税人，应当依照本法规定缴纳环境保护税	已缴纳	符合	—

续表

序号	法律法规	要求	企业的环保行为	符合性	整改措施
8	《排污许可证管理办法（试行）》	第三条　纳入固定污染源排污许可分类管理名录的企业事业单位和其他生产经营者（以下简称排污单位）应当按照规定的时限申请并取得排污许可证	已申领排污许可证（2019.9.29—2022.9.28）	符合	排污许可证到期后，及时更新
9		第三十七条　排污单位应当按照排污许可证规定的关于执行报告内容和频次的要求，编制排污许可证执行报告	未收到年度执行报告	不符合	及时上报年度执行报告
10	排污许可证要求	编制年度执法（守法）报告			
11	《企业事业单位环境信息公开办法》	第三条　企业事业单位应当按照强制公开和自愿公开相结合的原则，及时、如实地公开其环境信息	未收到	不符合	及时公开，及时更新
12	排污许可证要求	公开方式：全国排污许可证管理信息平台－公开端；时间节点：及时公开，及时更新			

续表

序号	法律法规	要求	企业的环保行为	符合性	整改措施
13	《突发环境事件应急预案管理暂行办法》	第七条　向环境排放污染物的企业事业单位，生产、贮存、经营、使用、运输危险物品的企业事业单位，产生、收集、贮存、运输、利用、处置危险废物的企业事业单位，以及其他可能发生突发环境事件的企业事业单位，应当编制环境应急预案。第十五条　企业事业单位编制的环境应急预案，应当在本单位主要负责人签署实施之日起30日内报所在地环境保护主管部门备案	2018年，编制完成《××煤矿突发环境事件应急备案》，并在××旗生态环境局进行了备案	符合	及时完善更新
14	《突发事件应对法》	第二十三条　矿山、建筑施工单位和易燃易爆物品、危险化学品、放射性物品等危险物品的生产、经营、储运、使用单位，应当制定具体应急预案，并对生产经营场所、有危险物品的建筑物、构筑物及周边环境开展隐患排查，及时采取措施消除隐患，防止发生突发事件			

续表

序号	法律法规	要求	企业的环保行为	符合性	整改措施
15	《水污染防治法》	第七十七条 可能发生水污染事故的企业事业单位，应当制定有关水污染事故的应急方案，做好应急准备，并定期进行演练	《××煤矿突发环境事件应急预案》要求企业每年进行综合性应急处置演练一次，各相关部门每半年组织一次专项应急演练，企业尚未执行	不符合	按照要求定期开展突发环境事件的演练
16	《突发环境事件应急预案管理暂行办法》	第八条 对环境风险种类较多、可能发生多种类型突发事件的，企业事业单位应当编制综合环境应急预案。综合环境应急预案应当包括本单位的应急组织机构及其职责、预案体系及响应程序、事件预防及应急保障、应急培训及预案演练等内容			
17	"选煤厂改造项目"环评报告	《关于规范化、标准化建设鄂尔多斯市环境网格化监管暨"12369"应急指挥中心企业端视频监控系统的通知》（鄂环发〔2018〕284号）的要求：在本项目建设的脱粉车间外设置视频监控点位，确保监控区域无死角和监控画质高清晰，并与鄂尔多斯市环境网格化监管平台联网	原有的生产车间及密闭廊道外，未设置视频监控点位	不符合	生产车间及密闭廊道外，按照要求设置视频监控点位

123

续表

序号	法律法规	要求	企业的环保行为	符合性	整改措施
18		锅炉需设置永久性采样孔	—	符合	—
19	"井田开发项目"环评报告	20 t/h 锅炉必须配备固定的烟气连续监测装置	—	符合	—
20		烟尘和二氧化硫浓度满足《锅炉大气污染物排放标准》（GB 13271—2001）二类区 2 时段标准	未收到监测报告，请企业自行核实	—	—
21		锅炉除尘效率不低于90%			
22		排矸场及时碾压，采用高压水枪洒水降尘，定期洒水	排矸场未设置高压水枪洒水，配备洒水车定期洒水	符合	—
23	"井田开发项目"环评报告	原煤缓冲仓至筛分车间、筛分车间至主厂房、主厂房至产品仓、产品仓至装车站均采用全封闭轻钢结构胶带走廊，转载点、振动筛、地面生产破碎筛分系统起尘点设置喷雾降尘装置	原煤缓冲仓至筛分车间、筛分车间至主厂房、主厂房至产品仓、产品仓至装车站均采用全封闭轻钢结构胶带走廊。在转载点、振动筛等起尘点设置了旋风除尘装置；筛分破碎机、皮带运输机、转载点上方设有集尘罩，使设备产生含尘气体经吸尘罩进入旋风除尘器	符合	—
24		对厂区附近的道路应派专人负责，并及时清扫撒在道路上散装物料，厂区及附近的道路经常洒水	厂区已配备洒水车，厂区附近的道路由专人负责洒水	符合	—

124

续表

序号	法律法规	要求	企业的环保行为	符合性	整改措施
25	《大气污染物综合排放标准》	新建污染源排气筒高度一般不应低于 15 m（低于 15 m，排放速率严格 50% 执行），还应高出周围 200 m 半径范围内的建筑 5 m 以上，若高度达不到要求，排放速率严格 50% 执行	选煤厂筛分楼的排气筒和装车站布袋除尘器排气筒的设置均不规范，排气筒高度未高出周围半径 200 m 范围内建筑物 5 m 以上，且筛分楼的部分排气筒高度低于 15 m	不符合	加高筛分楼和装车站的排气筒高度
26	《煤炭工业污染物排放标准》	除尘设备排气筒高度应不低于 15 m			
27	《锅炉大气污染物排放标准》	烟囱最低高度不低于 20 m，锅炉总装机容量大于 28 MW（40 t/h），烟囱高度不得都 45 m	工业场地锅炉烟囱高 70 m 风井场地锅炉烟囱高 45 m（排污许可证的两个烟囱高度 65 m）	符合	需核实并统一相关信息
28	"井田开发项目"环评报告	选煤厂建 1 座 1 000 m³ 的防渗事故池，煤泥水闭路循环，实现污水零排放	选煤厂的废水外渗	不符合	选煤厂废水外渗需整改，加强日常管理
29		排矸场淋滤水池	—	不符合	
30		雨污分流：初期雨水收集池的建设应满足初期余量的容积要求；雨水收集系统应采用明沟，建有防渗措施	雨水收集池已建设	符合	—

续表

序号	法律法规	要求	企业的环保行为	符合性	整改措施
31	"井田开发项目"环评报告	厂界噪声满足《工业企业厂界噪声标准》（GB 12348—90）3类标准	企业2019年开展南厂界噪声治理工程后，厂界噪声监测数据表明：昼间最大值为64 dB（A），夜间最大值为54.964 dB（A）	按照不同排放标准，达标情况不一样	核实噪声排放应执行的标准限值要求，界定选煤厂厂界噪声的达标情况，是否需要整改
32	"选煤厂改造项目"环评批复	厂界噪声满足《工业企业厂界环境噪声排放标准》（GB 12348—2008）2类标准要求			
33	"井田开发项目"环评报告	选煤厂矸石用胶带输送机走廊集中运输到排矸场。根据××公司与××热电厂及亿利自备电厂签订的协议书，待电厂建成后，全部矸石均可综合利用。	危险废物委托第三方处置；第三方资质符合要求	符合	—
		生活垃圾全部由伊金霍洛旗环卫局统一清运。	生活垃圾集中收集后，由××旗环卫部门统一处理	符合	—
		锅炉和热风炉产生的灰渣无偿提供给乌兰木伦镇松定霍洛村联办砖厂	锅炉灰渣用于乌兰集团松定霍洛砖厂的制砖材料	符合	—

续表

序号	法律法规	要求	企业的环保行为	符合性	整改措施
34	"选煤厂改造项目"环评批复	严格按照《危险废物贮存污染控制标准》（GB 18597—2001）（及其修改单）及《一般工业固体废物贮存、处置场污染控制标准》（GB 18599—2001）（及其修改单）的要求，分类做好危险废物和一般固体废物的贮存与安全处置。一般固体废物立足综合利用，危险废物应交由有资质单位处置	掘进矸石井下填充，选煤矸石运至排矸场	不符合	尽快实现矸石的综合利用
35	《环境保护法》	第十九条 编制有关开发利用规划，建设对环境有影响的项目，应当依法进行环境影响评价。未依法进行环境影响评价的建设项目，不得开工建设	选煤厂噪声治理未收到相关环保手续	不符合	按要求履行噪声治理工程环保手续
36	"井田开发项目"环评报告	要求开展例行环境监测	环境监测制度（尚未收到完整的环境监测报告）	不符合	建立环境监测制度，按要求完成例行环境监测工作
37	排污许可证	完成环境管理台账，包括基本信息、监测记录、其他环境管理信息、生产设施等	未收到选煤厂环境管理台账	不符合	—

6.2 环境管理体系

6.2.1 组织机构

根据《中华人民共和国环境保护法》《中华人民共和国环境影响评价法》和"××煤矿井田开发项目"环评报告等相关要求，××选煤厂所属的洗选中心按照"集中管理、分级负责、专业运作、责权统一"的原则，建立了环境保护管理体系，并成立了中心主任为组长的环保工作领导小组。

组长：中心主任。

副组长：中心各分管副主任。

执行副组长：分管安全副主任。

成员：中心各业务分管领导、各部门、各单位负责人。

6.2.2 制度建设与落实

6.2.2.1 制度建设

××选煤厂所属的洗选中心已制订了多项环保制度，包括《洗选中心环境保护管理办法》《洗选中心环境统计管理办法》《洗选中心现场环境风险管理办法》《洗选中心煤矸石污染防治管理办法》《洗选中心放射性污染防治管理办法》《洗选中心清洁生产审核管理办法》《洗选中心环境因素识别评价与控制管理办法（试行）》《洗选中心节能减排管理办法》《洗选中心危险废物污染防治管理办法》等。

（1）《洗选中心环境保护管理办法》

根据该办法，洗选中心建立了环境保护管理体系，并成立了以中心主任为组长的环保工作领导小组。该办法明确了小组各成员的职责分工，就环境保护设施运行管理、固体废弃物管理、废油脂管理、煤尘控制管理、噪声控制管理、放射性设施管理、环境减排及统计管理、环保档案管理提出了具体要求和考核与奖惩措施。

（2）《洗选中心环境统计管理办法》

企业为加强环境统计管理，保障环境统计资料的准确性和及时性，制定了该办法。

洗选中心的安全管理部为责任主体，向政府、集团和公司提供环境统计数据，机电技术部每月2日前向环保管理处填报《减排补充报表》，下属的各厂、站单位负责统计管辖区内的环境信息统计。

该办法明确了污染物统计，包括矸石（井下矸石、洗选矸石）、废油脂等的产生量、利用量、处置量；环保设施统计，包括废水、废气、噪声、固体废物、放射源等防治设施信息的统计。

（3）《洗选中心现场环境风险管理办法》

现场环境风险是指"三废一噪一源一危废"（废水、废气、废渣、噪声、放射源、危险废物）所产生的风险。

洗选中心的安全管理部负责现场环境风险的辨识、检查、督办、考核、通报、奖罚等工作。下属各厂、站是"三废一噪一源一危废"环境现场风险管理的主要责任单位，主要负责所辖现场环境风险辨识、预控、整改、应急管理；负责煤矸石处置、噪声消控、放射源与危废管理等工作，并对所辖区域内第三方造成的环境风险负有监管责任。

该办法还对"三废一噪一源一危废"可能发生的环境风险情景进行了一定的明确，对突发环境事故应急预案提出了一些要求。最后对发生环境事故的处罚按照主动性与影响程度划分了等级。

（4）《洗选中心煤矸石污染防治管理办法》

成立了以中心主任为组长的煤矸石管理领导小组，并明确了小组各成员的职责分工。下属各选煤厂（除保选煤厂）的职责主要为设立煤矸石管理机构，配备专（兼）职管理人员，制定相关的规章制度、考核办法，建立台账及档案，进行煤矸石排放计量管理以及煤矸石的运输、排放与处置等过程的管理。

（5）《洗选中心放射性污染防治管理办法》

该办法适用于洗选中心放射源使用的选址、购置、运行、保管、处置过程中的放射性污染防治管理。

洗选中心安全管理部负责对放射源使用单位日常管理放射源的监督检查、考核、奖罚、环境责任事故追究。放射源使用单位是放射源的直接管理单位，并应配备1名专职或者兼职负责放射源的安全与日常监督管理工作。

该办法对放射源的申购、运行、处置、操作监管人员和日常管理提出了具体要求。

（6）《洗选中心清洁生产审核管理办法》

成立了以中心主任为组长的洗选中心清洁生产内审核小组，明确了各小组成员的职责，并对清洁生产审核的各项管理提出了要求。

（7）《洗选中心环境因素识别评价与控制管理办法（试行）》

该办法是为了辨识公司产品、活动和服务中能够控制和施加影响的环境因素，从而进行环境风险评估，确定相应的控制措施。

中心安全管理部是公司环境因素识别评价与控制管理工作的职能部门，下属各厂、站是环境因素识别评价与控制管理的主体责任单位。

该办法对环境因素的识别、评价以及控制确定了方法，提出了要求。

（8）《洗选中心节能减排管理办法》

成立了以中心主任为组长的节能减排工作领导小组，在机电技术部设置了节能减排办公室，并设置节能减排管理兼职岗位，负责节能减排统计、上报等日常管理工作，下属各厂部成立由本单位主要领导负责的节能减排工作领导小组，设置节能减排管理专（兼）职岗位，负责本单位节能减排管理工作。

该办法明确了中心工作领导小组各成员、节能减排办公室、机电技术部、工艺煤质部、调度指挥中心、经营部、党政办以及各选煤厂、站的职责，还对节能减排的管理、技术研发、宣传、监督考核与检查等提出了要求。

（9）《洗选中心危险废物污染防治管理办法》

成立了以安全副主任为组长的危险废物管理小组。机电技术部是危险废物管理的主管部门，危险废物产生的基层单位负责危险废物的日常管理工作。

该办法明确了管理小组各成员的职责，并对贮存管理、转移管理和奖惩原则提出了要求。

6.2.2.2 制度落实情况

××选煤厂严格执行洗选中心制定的各项制度，并于20××年2月成立了环保工作领导小组，明确了小组各成员以及各职能部门、车间的环保职责。其中还明确了选煤厂的环保管理职能部门为安管办，确认了一位环保管理工作专职主管和两位环保管理员。

6.3 责任分工

目前，在××煤矿环境风险会诊中发现：①环境管理人员配备严重不足，无法及时实现对接并提供资料；②环境管理职责界限不清，责任追究无法落实。

基于此，并结合 ×× 洗选中心环境管理部门制定的《洗选中心环境保护管理办法》，厘清环境保护管理体系中的职责分工，确定了环境风险责任部门和责任人（表6-15）。

表6-15　责任分工

序号	项目	责任部门	责任人
1	监督环保目标责任制的落实	—	组长
2	组织关于防止厂区污染、提高厂区环境质量相关的规划、计划、措施等文件	—	组长
3	审定突发环境事件应急预案	—	组长
4	负责环境污染纠纷	—	组长
5	处理环境污染事故	—	组长
6	定期召开专题会议，部署解决重大环保问题	—	组长
7	洗选中心环保工作的表彰、奖励和处罚	—	组长
8	负责接待国家和地方各级环保、水保、公司环保部门的现场检查	—	副组长
9	审批中心的环保规章制度	—	副组长
10	审批环保宣传教育和培训方案	—	副组长
11	负责突发环境事件应急预案的制定和备案	—	副组长
12	负责落实新、改、扩建项目的环保手续	—	副组长
13	参加环境影响评价、"三同时"验收、水土保持方案、可行性研究方案、初步设计的审查工作	—	副组长
14	负责落实总量减排考核相关工作	—	副组长
15	负责贯彻执行国家和地方政府及上级部门有关环境保护的方针、政策、法规及制度等	—	党委书记
16	负责节能减排工作的政策宣传报道工作	—	
17	动员和发挥党组织、工会、共青团的先锋带头作用，积极开展节能减排活动	—	
18	负责接待群众来访，协调解决环境污染纠纷与事故，提出处理意见	—	

序号	项目	责任部门	责任人
19	负责组织全中心各选煤厂矸石排放量的计量、统计、分析、汇总与报送等工作	—	生产副主任
20	监督各单位文明生产,严格控制各类固体物排放,且排放达到标准	—	
21	参与中心污染物总量减排工作的管理	—	
22	负责牵头落实新、改、扩建项目环保设施"三同时"执行情况	—	总工程师
23	参加环境影响评价报告、水土保持方案报告、可行性研究报告和初步设计的审查和竣工验收	—	
24	负责各单位生产用水的管理工作,定期组织对各单位生产用水的管理情况进行监督检查、考核	—	
25	负责组织环保设备的计划、申报、采购、安装、台账及审查、监督工作	—	机电副主任
26	负责组织对中心"三废一噪一源一危废"环保治理方案设计和组织实施工作	—	
27	负责节能减排科研开发、节能减排技术改造等资金落实	—	
28	负责加大新技术和节能技术投入,用先进的技术装备淘汰落后的高能耗装备,推广新设备、新工艺、新材料,保障设备经济运行	—	
29	负责审核环保税的核算、缴纳等相关业务的审核工作	—	经营副主任
30	负责制定中心的环保规章制度	安全管理部门	建议企业根据职责分工制度文件内部商定
31	负责进行环保宣传教育和培训上报业务范围内的环保统计报表		
32	负责接待国家和地方各级环保、水保部门、公司环保部门的现场检查工作	安全管理部门	建议企业根据职责分工制度文件内部商定
33	负责审定突发环境事件应急预案的制定和贯彻落实工作		
34	负责建设项目环境影响评价及环保专项竣工验收工作		
35	负责落实新、改、扩建项目环保设施"三同时"执行情况		

续表

序号	项目	责任部门	责任人
36	负责分管范围内电火焊烟尘、检修产生的废渣、报废设备、废油脂、危化品的日常管理、环境责任事故追究	机电技术部	建议企业根据职责分工制度文件内部商定
37	负责环保治理方案设计和组织实施工作		
38	负责对各单位污染物总量减排指标、减排年度计划完成情况定期或不定期检查、抽查，汇总		
39	负责分管范围内生产用水的日常管理	工艺煤质部	
40	负责全中心各单位生产用水的水耗计量、统计、分析、汇总与报送工作		
41	负责推广使用环保节能新技术、新工艺、新材料		
42	负责全中心各选煤厂矸石排放量的计量、统计、分析、汇总与报送等工作	调度指挥中心	
43	负责节能减排指标的考核工作	经营部	
44	负责环保管理、节能减排工作的政策宣传报道工作	党政办	建议企业根据职责分工制度文件内部商定
45	负责动员和发挥党组织、工会、共青团的先锋带头作用，积极开展节能减排和环保活动		
46	负责中心环保管理、节能减排管理的档案管理		
47	负责本单位环保项目问题的统计、汇总与报送工作	××选煤厂	
48	负责建立本单位的环保设施台账及运行记录		
49	负责本单位环保设施的日常检查维护和保养工作		
50	负责建立本单位污染源台账		
51	负责接待各级环保部门的检查		
52	上报文件的流转	—	
53	××环保处人员不足		

7

督察要点及企业自查手册

7.1 督察要点

经梳理，煤炭采选类企业环保督察要点主要包括企业的环保合规性、废气检查及大气污染防治设施检查、污水设施检查及污水排放设施检查、危险废物及一般工业固体废物合理处置情况、厂区及车间的环境管理、应急预案落实情况等相关内容。

7.1.1 环保合规性

①是否符合国家产业政策和地方行业准入条件，是否符合淘汰落后产能的相关要求；

②企业建设项目是否依法履行环评手续及"三同时"验收手续；

③企业现场情况是否与环评文件/环评批复、验收文件的内容保持一致，重点核对项目的性质、生产规模、地点、采用的生产工艺、污染治理设施等是否与环评文件/环评批复及验收文件一致；

④是否依法办理排污许可证，并依照许可内容排污；

⑤是否完成环境保护税的缴纳工作；

⑥是否完成清洁生产审核。

7.1.2 废气检查

7.1.2.1 废气检查

①检查锅炉燃烧设备的审验手续及性能指标、燃烧设备的运行状况、二氧化硫和氮氧化物的控制；

②检查废气是否符合相关污染物排放标准的要求。

7.1.2.2 大气污染防治设施

①检查除尘、脱硫、脱硝、其他气态污染物净化系统；

②检查废气排放口是否符合规范；

③检查排污者是否在禁止区域新建排气筒；

④检查排气筒高度是否符合国家或地方污染物排放标准的规定；

⑤检查废气排气筒上是否设置采样孔和采样监测平台；

⑥检查排气口是否按照要求规范设置（高度、采样口、标志牌等），是否按照环保部门要求安装在线监控设施。

7.1.2.3 无组织排放源

①对于无组织排放点，有条件做到有组织排放的，检查排污单位是否进行了整治，实行有组织排放；

②检查煤场、料场和建筑生产过程中的扬尘是否按照要求采取了防治扬尘污染的措施或者设置防扬尘设备；

③在企业边界进行监测，检查无组织排放是否符合相关环保标准的要求。

7.1.2.4 废气收集、输送

①检查产生逸散粉尘或有害气体的设备是否采取了密闭、隔离和负压操作等措施；

②检查废水收集系统和处理设施单元（原水池、调节池、厌氧池、曝气池、污泥池等）产生的废气是否密闭收集，是否采取有效措施处理后排放；

③检查含有挥发性有机物或异味明显的固废（危废）贮存场所是否封闭设计，废气是否收集处理后排放。

7.1.2.5 废气治理

①检查粉尘类废气是否采用布袋除尘、静电除尘或以布袋除尘为核心

的组合工艺处理；

②检查工业锅炉废气是否优先采取清洁能源和高效净化工艺，并满足主要污染物减排要求。

③检查排气筒高度是否按规范要求设置，即排气筒高度不低于 15 m。末端治理的进出口要设置采样口并配备便于采样的设施。严格控制企业排气筒数量，同类废气排气筒宜合并。

7.1.3 废水检查

7.1.3.1 污水设施检查

①检查污水处理设施的运行状态、历史运行情况、处理能力及处理水量、废水的分质管理、处理效果、污泥处理和处置；

②是否建立废水设施运营台账（污水处理设施开停时间、每日的废水进出水量和水质、加药及维修记录）；

③检查排污企业的事故废水应急处置设施是否完备，是否可以保障对环境污染事故产生的废水实施截留、贮存及处理。

7.1.3.2 雨水分流检查

①检查是否按规范设置初期雨水收集池，是否满足初期雨量的容积要求；

②检查雨水收集系统是否采用明沟。所有沟、池采用混凝土浇筑，是否有防渗或者防腐措施。

7.1.4 固体废物检查

7.1.4.1 检查危险废物处置是否合规

危险废物管理计划：企业依据生产计划和产废特征，编制危险废物管理计划，指导全年危险废物管理并向当地环保局备案。

危险废物转移计划：根据当地管理部门的要求，编制危险废物转移计划。

危险废物转移联单：根据要求规范填写联单相关信息。

危险废物管理台账：根据法规和当地管理部门的要求，以及企业危险废物管理的需要，如实填写危险废物产生、收集、贮存、转移、处置的全过程信息。

7.1.4.2　健全危险废物环境管理制度

检查企业是否建立环境保护责任制度，是否明确单位负责人和相关人员的责任。

是否遵守申报登记制度。企业必须按照国家有关规定制定危险废物管理计划，申报事项或危险废物管理计划内容有重大改变的，应当及时申报。

是否制定意外事故的防范措施和应急预案。企业应当制定意外事故的防范措施和应急预案，并向所在地县级以上地方人民政府环境保护行政主管部门备案。

是否组织专门培训。企业应当对本单位工作人员进行培训，提高全体人员对危险废物管理的认识。

7.1.4.3　严格遵守收集、贮存要求

检查企业是否具备专用的危险废物贮存设施和容器。企业应建造专用的危险废物贮存设施，也可利用原有构筑物改建成危险废物贮存设施。设施选址和设计必须符合《危险废物贮存污染控制标准》（GB 18597—2013）的规定。除常温常压下不水解、不挥发的固体危险废物之外，企业必须将危险废物装入符合标准的容器。

检查企业对危险废物的收集、贮存的方式和时间是否符合要求。企业必须按照危险废物特性分类进行收集和贮存，也必须采取防止危险废物污

染环境的措施。禁止混合收集、贮存性质不相容且未经安全性处置的危险废物，也禁止将危险废物混入非危险废物贮存。容器、包装物和贮存场所均需按相关国家标准和《〈环境保护图形标志〉实施细则（试行）》设置危险废物识别标识，包括粘贴标签或设置警示标志等。贮存危险废物的期限通常不得超过1年，延长贮存期限的需报经环保部门批准。

7.1.4.4　严格遵守转移要求

检查企业是否报批危险废物转移计划。企业在向危险废物移出地环境保护行政主管部门申领危险废物转移联单之前，须先按照国家有关规定报批危险废物转移计划。

检查企业是否遵守危险废物转移联单制度。企业转移危险废物必须按照国家有关规定填写危险废物转移联单，并向危险废物移出地设区的市级以上地方人民政府环境保护行政主管部门提出申请。联单保存期限通常为5年；贮存危险废物的，联单保存期限与危险废物贮存期限相同；或根据环保行政执管部门的要求，延期保存联单。

未经核准不得跨省转移贮存、处置危险废物。按照《中华人民共和国固体废物污染环境防治法》第二十三条，转移固体废物出省、自治区、直辖市行政区域贮存、处置的，应当向固体废物移出地的省、自治区、直辖市人民政府环境保护行政主管部门提出申请。移出地的省、自治区、直辖市人民政府环境保护行政主管部门应当商经接受地的省、自治区、直辖市人民政府环境保护行政主管部门同意后，方可批准转移该固体废物出省、自治区、直辖市行政区域。未经批准的，不得转移。

7.1.4.5　检查危险废物处置的合法性

委托第三方处置时，需核查第三方资质。企业不得将危险废物提供或者委托给无经营许可证的单位从事收集、贮存、利用、处置的经营活动。危险废物经营许可证按照经营方式，分为危险废物收集、贮存、处置综合经营许可证和危险废物收集经营许可证。企业需核查第三方处置单位具有的危险废物经营许可证类别以及许可证所记载的危险废物经营方式、处置危险废物类别、经营规模、有效期限等信息，确认第三方处置单位具有处置资质和能力。

7.1.4.6 工业固体废物管理

检查固体废物储存、管理和处置是否符合国家标准、地方标准或环评批复规定。

企业是否建立工业固体废物管理制度，明确工业固体废物管理的部门与责任人。明确工业固体废物综合利用的目标指标，建立工业固体废物的种类、产生量、流向、贮存、处置等有关资料的档案，按年度向所在镇街生态环境分局申报登记。申报登记事项发生重大改变的，应当在发生改变之日起 10 个工作日内向原登记机关申报。涉及跨省转移工业固体废物的，需办理跨省转移工业固体废物手续后方可转移。

企业是否按照减量化、资源化、无害化的原则依法依规对工业固体废物实施管理，优先对其实施综合利用，降低处置压力。

7.1.5 噪声检查

7.1.5.1 产噪设备

了解产噪设备是否为国家禁止生产、销售、进口、使用的淘汰产品；检查产噪设备的布局和管理。

7.1.5.2 噪声控制与防治设备

①检查噪声防治设备是否完好，是否按要求使用，重点噪声源管理是否规范，有无擅自拆除或闲置的行为。

②厂界噪声排放是否符合国家标准、地方标准或环评批复规定要求。

7.1.6　环境应急、监测、信息披露检查

①检查企业是否完成突发环境事件应急预案的编制及备案工作，是否定期开展演练；

②企业是否按应急预案的要求，落实各项风险防控措施，对应急设施、装备和物资进行检查、维护、保养，确保其完好可靠；

③运行单位是否按照要求建立自动监控设施运行的人员培训、操作规程、岗位责任、定期比对监测、定期校准维护记录、运行信息公开、事故预防和应急措施等管理制度，以及这些制度是否得到有效实施；

④是否根据国家及地方在线监测（监控）系统相关制度规范，制定监测（监控）系统管理制度；

⑤是否安排经过专业培训，并持有上岗证的操作人员专人专职负责在线监测（监控）系统管理；

⑥是否擅自闲置或停运在线监测（监控）系统，是否擅自修改设备参数和数据；

⑦检查企业是否按要求定期进行环境信息公开。

7.1.7　厂区、车间的环境管理

检查厂区是否全面实施"两化"，即道路场地硬化、其他区域绿化。根据实际情况，生产车间地面应采取相应的防渗、防漏和防腐措施，车间实施干湿分离，车间内地面无油污、干净整洁，安装防漏层或硬化（地面硬化一般为水泥地面并上防渗漏涂料，有条件的在水泥地面下添加防漏层）。

检查厂区、车间的环境管理是否规范：①厂区内路面硬化，厂区内视

线范围地面和墙面内无油污、无杂物，尤其是废油桶必须进入危险废物暂存间暂存；②旧设备、包装箱、废品等杂物不允许零散存放，需要归并存放（干净整洁）；③生产现场无跑冒滴漏现象，环境整洁、管理有序；④罐区和一般废物收集场所的地面应做硬化、防渗处理，四周建围堰；⑤厂区各类管线设置清晰，管道布置应明装，并沿墙或柱集中成行或列，平行架空敷设；⑥车间内生产区、安装区、半成品区及成品区要划分明确。

7.1.8 其他要求

①检查企业是否完成突发环境事件应急预案的编制及备案工作，是否定期开展演练，并定期对应急预案进行修编；

②检查企业环保档案记录的规范性；

③检查企业污染防治设施的运行台账是否完善、规范；

④检查企业是否按要求完成清洁生产审核；

⑤检查企业是否按要求定期进行环境信息公开。

7.2 企业自查手册

7.2.1 环保督察现场检查

7.2.1.1 企业配合现场检查

当各级生态环境部门执法人员出示执法证件并说明来意后，企业必须立即放行并配合检查，不得以拖延、围堵、滞留执法人员等方式拒绝、阻挠监督检查，同时应当如实反映情况，提供真实、必要的资料，不得在接受监督检查时弄虚作假。

7.2.1.2 企业环保负责人接待

企业应安排专人负责环保工作，环保负责人需熟悉以下内容：

①企业主要产品及原辅材料；

②生产工艺和流程；

③生产过程中污染物产生的环节；

④污染物的类型、浓度、产污量、排放去向等；

⑤生产设备的维护和运行情况；

⑥配套污染防治设施的运行原理和运行情况；

⑦事故发生、生产变动情况等；

⑧规范整理各类环保档案。

7.2.2 日常环境管理

面对环保督察，企业应做好以下日常环境管理工作。

7.2.2.1 环保许可管理

（1）建设项目环境影响评价管理

企业新建、改建、扩建项目应执行建设项目环境影响评价管理制度，履行相关审批手续，并严格落实环评文件及批复要求中的污染防治措施。

（2）建设项目环境保护"三同时"管理

企业应执行建设项目环境保护"三同时"管理制度，确保建设项目配套的污染防治设施及风险防范措施与主体工程同时设计、同时施工、同时投产使用。

现有排污企业应按照生态环境部门规定的时间前申请并取得排污许可证或完成排污登记，新建排污企业应在启动生产设施或者实际排污之前申请取得排污许可证，或进行排污登记。建设项目投入正式生产前，建设单位应完成环境保护设施竣工验收等相关程序。

（3）排污许可证申领与执行

①企业应按照生态环境部门的要求完成排污登记工作，提供必要的资料，并保证所提供的各类环境信息真实、有效，不得瞒报或谎报。

②排污企业应按照规定申请领取排污许可证，并确保排污许可证在有效期内。企业排污必须按照许可证核定的污染物种类、控制指标和规定的方式排放污染物。

③排污企业在申请排污许可证时，应按照自行监测技术指南以及《排污许可管理办法（试行）》的规定，编制自行监测方案。

④排污企业申领排污许可证后，应确保排污许可证副本中的规定得到良好执行。

（4）环境保护税缴纳

企业应按照《中华人民共和国环境保护税法实施条例》的规定，及时、足额缴纳环境保护税，并明确责任部门和人员。企业应当知晓缴纳环境保护税不免除其防治污染、赔偿污染损害的责任和法律、行政法规规定的其他责任。

7.2.2.2 污染防治管理

（1）废水污染防治

企业应建立废水管理制度，明确废水管理的部门与责任人。明确废水排放的目标指标，建立废水收集、处理设施管理台账，加强废水处理设施的现场管理。除被允许的情况外，应实现生产废水、生活污水、清下水"三水"分开，规范收集、运营和排放，定期监测废水排放情况，对照相关排放标准做合规性评价，确保废水稳定达标排放。

同时，还应做好以下几方面工作：

①保持废水处理场所整洁。废水处理场所内不得从事与废水处理无关的加工作业或作为仓库。除必要的备用件和维修工具、检测工具外，与废

水处理无关的杂物、软管和消防水带、潜水泵等必须清除，拆除与废水处理无关的管道。

②厌氧池等易产生臭气或异味的池体应对废气进行收集处理，以减少臭气或异味对周边环境的影响。

③必须设置符合要求的规范化排放口，并安装排放口标志牌。

④有条件的企业或明确要求设置废水检测化验室的企业，应配置排污许可证列明许可排放污染物相对应污染物的检测设备，并对废水进行检测。

⑤在废水处理场所应悬挂环保工作人员岗位职责、污染治理设施工艺流程图及环境安全事故应急预案等标牌。

⑥处理设施的设备管理：

- 流量计电源线必须直接连接，不准设开关或插座；
- 废水管道、污泥管道流向标示清晰，中间尽量不设三通管道；
- 设施的电源线管、气管线、自来水管必须分类标识清楚，按"横平竖直"要求码齐。

⑦处理设施的运行管理：

- 设有化验室的企业，每日定期检测废水水质，检测结果记入运行台账。没有化验室的企业，根据在线监控数据，或通过简易快速检测设备、试剂等每日对废水进行测试，掌握废水排放情况。出现故障或超标问题，及时向生态环境部门报告并查明原因，实施修复。配备取水量表、井盖钩、强力电筒等工具。
- 每班如实填写运行台账，台账中水质检测结果、用药量、排水量、污泥产生量及处理量等重要内容必须如实填写。
- 废水处理设施重要部件（电控仪表、水泵、探头、斜板沉淀池、流量计等）必须经常检查，如有损坏必须及时修复和更换。
- 定期巡查，重点检查车间收集管网是否损坏、是否存在混流、生产废水泄漏混入雨水管道或生活污水管道、是否存在高浓度的废酸废碱进入收集系统等问题。

⑧处理设施的安全管理：

● 废水处理药品酸与碱、氧化剂与还原剂分开存放。

● 高浓度的废酸、废碱、脱镀液、蚀刻液以及电镀洗缸水不得排入污水治理设施，必须按有关要求设置危废贮存场所地点进行分类收集，并交有资质的危险废物经营单位处理。

● 废水处理设施的护栏、楼梯、栏板、支架须定期维护和检查，属有限空间，必须按照相关要求设置标识并配备完善安全预防设施，如有损坏必须及时修复或更换。

● 废水处理车间应安装符合安全、环保要求的良好的照明和通风设备。企业安保视频监控系统应对废水处理区域进行全覆盖并确保正常运行，记录保存期限不少于3个月。

● 全部用电设备的电源线必须套管，电源线连接必须符合电气安全规范。

● 操作工人必须持证上岗，穿着劳动保护服，穿戴必要的防护装备。

● 废水处理场所必须安装紧急冲洗装置，用于操作工人面部或身体受到有害物质污染时的紧急救护。

● 污水处理场所禁止住宿，工作期间禁止关门。

● 备齐应急处置物资，出现污染事故按照应急预案要求立即处置，并向生态环境部门报告。

（2）废气污染防治

企业应建立废气管理制度，明确废气管理的部门与责任人。明确废气排放的目标指标，建立废气收集、处理设施管理台账，对各类废气排放源分别采取措施进行治理。定期监测废气排放情况，对照相关排放标准做合规性评价，确保废气稳定、达标排放。同时还应做好以下几方面工作。

①保持废气处理场所整洁。废气处理场所内不得从事与废气处理无关的加工作业或作为仓库，拆除与废气处理无关的管道。

②必须设置符合要求的规范化排放口，并安装排放口标志牌。

③在废气处理场所应悬挂环保工作人员岗位职责、污染治理设施工艺流程图及环境安全事故应急预案等标牌。

④废气收集应遵循"应收尽收、分质收集"的原则。废气收集系统应根据气体性质、流量等因素综合设计，确保废气收集效果。

⑤处理设施的设备管理：

- 在废气治理设施的进出口处分别设置采样口，建设检测平台，方便检测人员采样。

- 一般情况下禁止开启旁路。如发生故障或进行检修，必须报经生态环境部门同意后，才能开启旁路。对已明确不得设置旁路的设施，不得设置旁路。

- 必须按照工艺要求定期添加药剂或进行维护，以保证处理设施稳定正常运转。

⑥处理设施的运行管理：

- 对具备自主监测条件的企业，每日应当检测废气排放情况，检测结果记入运行台账。对不具备自主监测条件的企业，建议购买简易快速检测设备，每日对废气进行检测［自买设备的质控情况应当符合《排污单位自行监测技术指南　总则》（HJ 819—2017）的要求］，或根据在线监控数据，掌握废气排放情况。出现故障或超标问题的，应及时向生态环境部门报告并查明原因，实施修复。

- 每班如实填写统一印制的运行台账，台账中检测结果、用药量、排气量等重要内容必须如实填写。

- 废气处理设施重要部件［电控仪表、水泵、探头、风机、布袋、电极灯管、吸附材料、加（喷）药装置等］必须经常检查，如有损坏必须及时修复和更换。

- 定期巡查，重点检查车间收集管道是否存在漏气、堵塞等问题。

⑦处理设施的安全管理：

- 添加的药品酸与碱、氧化剂与还原剂分开存放；

- 废气处理设施护栏、楼梯、栏板、支架须定期维护和检查，如有损坏必须及时修复或更换；

- 废气处理车间应安装良好的照明和通风设备；

- 全部用电设备的电源线必须套管，电源线连接必须符合电气安全规范；

- 操作工人必须持证上岗，穿着劳动保护服，穿戴必要的防护装备；

- 废气处理场所必须配备紧急救护物资，用于操作工人面部或身体受到有害物质污染时的紧急救护；

- 废气处理场所禁止住宿和养狗，工作期间禁止关门；

- 备齐应急处置物资，出现污染事故按照应急预案要求立即处置，并向生态环境部门报告；

- 涉及粉尘、VOCs 等易燃易爆气体的收集和处理设施的设计及验收，应当有安全生产专家意见，并向安全生产部门报告。

（3）危险废物管理

企业应建立危险废物管理制度，明确危险废物管理的部门与责任人。明确危险废物处置的目标指标，建立危险废物来源清单和危险废物处置商及处置情况清单。

当法律法规和其他要求、生产工艺、污染治理工艺等发生变化，新建、改建、扩建建设项目投产，发生危险废物污染事故后，企业应及时重新识别危险废物。对于根据《国家危险废物名录》难以分辨是否属于危险废物的固体废物，可委托有资质的单位根据国家危险废物鉴别标准和鉴别方法进行鉴定。

企业应制定危险废物收集、贮存现场防渗、防泄漏、防雨等措施并规范实施，危险废物贮存场所应符合《危险废物贮存污染控制标准》和《危险废物收集贮存运输技术规范》等有关标准，处置应选择有资质的单位并进行危险废物转移计划备案，备案通过后，如实填写"危险废物转移联单"并存档。同时还应做好以下几方面工作。

①危险废物贮存场所：

- 危险废物贮存场所必须采取防扬散、防流失、防渗漏、防雨等防范措施，危险废物必须分类存放，非危险废物不得存放在危险废物贮存场所；

- 在危险废物贮存场所应悬挂环保工作人员岗位职责、危险废物贮存管理制度、环境安全事故应急预案及危险废物警示牌和标识牌等。

②危险废物管理：

- 每日定期检查危险废物产生、贮存及转移情况，检查结果记入危险废物管理台账。如有危险废物流失、盗失等情况，及时查明原因，采取相应措施，防止造成污染事故，并向生态环境部门报告。

- 危险废物转移时，应登录所在地固体废物环境监管信息平台，如实填写危险废物电子转移联单。

③安全管理：

- 危险废物的贮存设施的选址、设计、运行与管理等必须遵循《危险废物贮存污染控制标准》的规定；

- 禁止混合贮存性质不相容且未经安全性处置的危险废物，以免发生事故；

● 危险废物贮存场所和设施必须定期维护和检查，如有破损、渗漏等情况时，及时进行修复或更换；

● 危险废物贮存场所应安装良好的照明和通风设备；

● 全部用电设备的电源线必须套管，电源线连接必须符合电气安全规范；

● 操作工人必须持证上岗，穿着劳动保护服，穿戴必要的防护装备；

● 危险废物贮存场所必须配备紧急救护物资，用于操作工人面部或身体受到有害物质污染时的紧急救护；

● 危险废物贮存场所禁止住宿和养狗，工作期间禁止关门；

● 备齐应急处置物资，出现污染事故按照应急预案要求立即处置，并向生态环境部门报告。

（4）突发环境事件管理

①突发环境事件隐患排查与治理。

● 隐患排查

企业应建立隐患排查治理的管理制度，明确责任部门、人员、方法，并对隐患进行评估，确定隐患等级，登记建档。

土壤污染重点监管单位应建立土壤和地下水污染隐患排查治理制度，定期聘请专业单位对有毒有害物质的地下储罐、地下管线、污染治理设施等重点设施开展隐患排查。

● 排查范围与方法

隐患排查的范围应包括所有与企业生产经营相关的场所、环境、人员、设备设施和活动。可采取综合排查、日常排查、专项排查及抽查等方式开展隐患排查工作。

● 隐患治理

根据隐患排查和分级的结果，企业应当制订隐患治理方案，并按照有关规定分别开展隐患治理。

其中，重大隐患治理方案内容应包括治理目标、完成时间和达标要求、治理方法和措施、资金和物资、负责治理的机构和人员责任、治理过程中的风险防控和应急措施或应急预案。

重大隐患治理结束后，企业应组织技术人员和专家对治理效果进行评估和验收，并编制重大隐患治理验收报告。

- 监测预警

企业可采用仪器仪表等技术手段及管理方法，对废水、废气等重大环境因素建立应急监测预警系统及报告机制，并与企业突发环境事件应急预案相衔接。

②突发环境事件应急管理

- 应急准备

企业应建立突发环境事件应急管理制度，建立环境应急管理机构或指定专人负责环境应急管理工作。在开展环境风险评估和应急资源调查的基础上，编制突发环境事件应急预案并执行备案规定。建立与本企业环境风险相适应的专/兼职应急队伍或指定专/兼职应急人员并组织培训和演练。突发环境事件应急预案的评审、发布、培训、演练和修订应符合相关规定。

企业应按应急预案的要求，落实各项风险防控措施，对应急设施、装备和物资进行检查、维护、保养，确保其完好、可靠。制订应急预案演练计划，定期组织应急预案演练，并对应急演练的效果进行评估、总结。

- 应急响应

明确发生突发环境事件后，企业应立即启动应急响应程序，按有关规定及时向当地政府及生态环境部门报告，并依照应急预案开展事故处理，采取切断或者控制污染源以及其他防止危害扩大的必要措施，妥善保护事故现场及有关证据，及时通报可能受到危害的单位和居民。

● 事故调查与处理

企业发生突发环境事件后，应按规定成立调查组，明确职责与权限，进行调查或配合上级部门的调查。

突发环境事件调查应查明事件发生的时间、经过、原因、污染程度和范围、人员伤亡情况及直接经济损失等。事件调查组应根据有关证据、资料，分析事件的直接原因、间接原因和责任，提出整改措施和处理建议。按照有关规定编写突发环境事件调查报告，针对事故原因举一反三，制定纠正与预防措施并落实到位。

（5）清洁生产

①清洁生产审核。

企业应按照审核程序和时限完成清洁生产审核评估、验收工作，以实现"节能、降耗、减污、增效"的目的。

②资源能源利用效率。

鼓励企业采用原辅材料利用效率高、污染物排放量少的清洁工艺，减少各类污染物的产生，并将资源能源消耗指标纳入企业各级考核要求。

③废弃物综合利用。

企业应坚持"减量化、无害化、资源化"的原则，积极开展工业废水处理回用、能量梯级利用、固体废物综合利用工作，并将废物（资源）综合利用指标纳入企业各级考核要求。

④节能减碳管理。

企业应建立节能与减碳管理制度，明确节能与减碳管理的责任部门与责任人，设定能源节约及碳排放减排的目标指标，定期核算能源节约及碳排放削减的绩效统计并留档。

（6）环境信息公开

①公开制度与内容。

企业应建立环境信息公开制度，明确企业环境信息公开的责任部门与责任人，对于新建、改建、扩建项目，应按要求进行公众意见征求与环境影响评价信息公开，并根据《中华人民共和国环境保护法》及《企业事业单位环境信息公开办法》中涉及企业环境信息公开内容的有关规定，定期公开企业环境管理信息。

②公开方式。

企业日常信息公开可采取以下一种或者几种方式予以公开：当地政府网站或企业网站；公告或者公开发行的信息专刊；广播、电视等新闻媒体；信息公开服务、监督热线电话；本单位的资料索取点、信息公开栏、信息亭、电子屏幕、电子触摸屏等场所或者设施；其他便于公众及时、准确获得信息的方式。

对于企业年度环境信息公开，应在上一年度工作完成后的半年内，编制环境信息公开报告书。企业应保留环境信息公开相关投诉、沟通、处理等信息与记录。

③公共关系。

为避免因环保问题引发公共关系危机，企业可根据实际情况建立与周边社区、新闻媒体的沟通管理机制，如定期组织执法单位、社区代表、媒体召开座谈会等，确保对企业环保问题的任何投诉和建议能得到及时处理与反馈。

（7）环保档案

规范的企业环保档案一般应包括以下几项内容。

①企业基本情况介绍；

②所有建设项目清单，各项目环评报告书（表）及审批意见、登记表

备案文书，项目竣工验收意见与结论等文件资料；

③排污许可证副本、月报、季报和年度报告等；

④突发环境事件应急预案、备案意见及演练记录；

⑤重污染天气应急预案及相关资料；

⑥危险废物年度管理计划、转移计划、处置协议及危险废物转移联单；

⑦年度自行监测计划及监测报告；

⑧各类污染防治设施的运行记录及相关台账；

⑨生态环境部门历次现场监察记录及违法行为查处的相关文书。

（8）其他要求

①生产车间。

● 企业办公楼门口应当悬挂整体平面布置图，标示出生产车间、办公楼、锅炉房、固体废物仓库、废水及废气治理设施等位置，以及生产废水、生活污水、回用水、清下水管道和生产废水、生活污水、清下水和生产废气排放口位置。

● 产生废水的车间地面应当落实防腐防渗保护措施。按照生态环境部门的要求，需对车间内废水分类收集的，应当分类收集并进行类别及流向标识；对产生废水的生产工艺，应当分别在进水端和出水端装有水表流量计；对废水收集管明管渠，应当落实无杂物覆盖。

● 产生废气的车间应当落实完善的收集处理设施。按照生态环境部门的要求，对需要密闭的车间进行密闭，不得设置排气扇，生产时不得开启门窗，车间要做到负压效果。对无法密闭的，应当采取措施减少废气排放。

②在线监测（监控）系统。

安装污染源在线监控设备的企业，应当对相关设备进行有效管理，建立设备基础信息档案，提出监控设备运行管理要求、信息传输检查要求等内容，以保证监控设备稳定运行和监测数据有效传输。具体包括：规范建设在线监测站房，确保在线监控设备正常运行和维护；建立和完善监控设备操作、使用和维护规章；对符合要求的第三方运营单位日常运维情况进行监督；提出在线设备故障时手工监测数据上报的管理要求；对监控数据传输情况进行跟踪管理，发现异常数据应及时报告、查找原因并实施整改。

同时还应做好以下几方面工作。

- 必须安排经过专业培训并持有上岗证的操作人员专人专职负责在线监测（监控）系统管理；

- 根据国家及地方在线监测（监控）系统相关制度规范，制定监测（监控）系统管理制度；

- 严禁弄虚作假，不得擅自修改设备参数和数据；

- 严禁擅自闲置或停运在线监测（监控）系统，必须将在线监测（监控）系统作为污染治理设施的一部分进行管理；

- 做好日常运行维护台账记录，包括日常数据台账记录、日常维护台账记录和设备故障台账记录。如发现数据异常或设施故障，要及时向生态环境部门报告并尽快查明原因，实施修复。

- 在线监测（监控）场所应悬挂环保工作人员岗位职责及在线监测（监控）系统管理制度等标牌。

8

问题清单、建议与责任认定

梳理问题并配合企业分配执行机构，落实环境保护"一岗双责，党政同责"，增加基层环保人员岗位设置，从机构设置上充分重视生态环保工作。

表 8-1 选煤厂问题清单、建议与责任认定

序号	问题	现场情况	问题判定	要求或建议	环境风险等级	执行部门/责任人	上级监管部门	时间或计划
1	矸石场环保手续与综合利用问题	煤矸石堆放场未依据环保法、环评法等法律法规要求办理环评手续	未批先建，环保手续不全	《环境保护法》第十九条：编制有关开发利用规划，建设对环境有影响的项目，应当依法进行环境影响评价。未依法进行环境影响评价的建设项目，不得开工建设。加快推进煤矸石综合利用研究工作，探索适用于集团煤矸石综合利用以及矿山绿色发展的解决思路	重大风险	××选煤厂/负责人	××集团	环境保护一岗双责，直接责任人，洗选中心负责人，具体责任人，分级处分规定具体到岗位

续表

序号	问题	现场情况	问题判定	要求或建议	环境风险等级	执行部门/责任人	上级监管部门	时间或计划
1	矸石场环保手续与综合利用问题	现排矸场用地属临时排矸场用地租用村集体或村民土地、林地，实际排矸场煤矸石的处置为永久占用地，目前排矸场地面积超过占用林地面积批准的临时占用林地面积	排矸场越界排放问题	加强现场管控，同时，通过政策建议途径反馈问题和解决利用方案（特别是煤矸石综合利用方案，尝试推动上层对该项环评工作的认可	重大风险	××选煤厂矸石组	××选煤厂	环境保护一岗双责，直接责任人，洗选中心负责人，具体责任人，分级处分规定具体到岗位
		已闭库排矸场无后续综合利用方案，排矸场处置的煤矸石虽复垦绿化，但未达到国家《土地复垦质量标准》，不属煤矸石综合利用范畴	排矸场闭库不符合要求	科学开展土地复垦方案编制以及复垦工作环境影响评估工作。建议复垦标准执行《土地复垦质量控制标准》（TD/T 1036—2013）黄土高原区土地复垦质量控制标准中旱地的复垦标准	重大风险	××选煤厂/负责人	××选煤厂	

续表

序号	问题	现场情况	问题判定	要求或建议	环境风险等级	执行部门/责任人	上级监管部门	时间或计划
2	煤泥水处理新增4座浓缩池环评手续问题	选煤厂20.00 Mt/a主体工程2011年投产后，在原有的2座直径为35 m的浓缩池上，又增加了3座直径为35 m和1座直径为45 m的浓缩池，尚未履行环保手续	新增浓缩池，工艺变更环保手续不全	根据《建设项目环境影响评价分类管理名录》（2021版）四十三，水的生产和供应业，第95项：污水处理及其他工业废水处理需做环境影响报告表、其他需做登记表，建议补办环保手续，或在选煤厂提质增效改造项目验收中一并验收	重大风险	××选煤厂/负责人	××集团	建议企业根据职责分工制度文件内部商定
3	"锅炉改造项目"环评手续问题	2017年5月，企业对锅炉房进行了提标改造，工业场地5台锅炉均设置了石灰-石膏湿法脱硫、袋式除尘器除尘，风井场地3台锅炉均增加了炉内喷钙法脱硫工艺。锅炉的提标改造项目尚未履行环保手续	锅炉提标改造，未履行环保手续	《环境保护法》第十九条：编制有关开发利用规划，建设对环境有影响的项目，应当依法进行环境影响评价。未依法进行环境影响评价的建设项目，不得开工建设	重大风险	××选煤厂/负责人	××集团	建议企业根据职责分工制度文件内部商定

续表

序号	问题	现场情况	问题判定	要求或建议	环境风险等级	执行部门/责任人	上级监管部门	时间或计划
4	废水收集措施不完善，有跑冒滴漏现象		洗选中心废水收集不完善，如湿式除尘废水未进入废水收集随排气管道排出，造成地面废水横流；洗选中心筛分楼后有大面积积水，（可能为地下渗水未能及时收集或废水进入收集池）	落实环境保护"一岗双责、党政同责"，增加基层环保人员岗位设置，从机构设置上充分重视生态环保工作。进一步完善环境管理体系，加强环境监管和巡查软硬件配套建设，开展全工序环境现场问题排查和应对工作能力培训，杜绝出现督察现场环境管理问题	一般风险（工作人员名称：废水排放系统堵塞导致）	××选煤厂/负责人	××集团	建议企业根据职责分工制度商定部内定

续表

序号	问题	现场情况	问题判定	要求或建议	环境风险等级	执行部门/责任人	上级监管部门	时间或计划
5	筛分楼排气筒设置不规范		排气筒设置不规范；高度不够且分散，排放口大且多	根据《煤炭工业污染物排放标准》（GB 20426—2006），煤炭工业除尘设备排气筒高度应不低于15 m。根据《大气污染物综合排放标准》（GB 16297—1996），排气筒高度还应高出周围半径200 m范围内建筑物5 m以上，不能达到这个要求时，排放速率应严格50%。"排放同类污染物的两个或两个以上的排气筒（烟囱）（不论其是否属同一生产设备），在不影响生产、技术上可行的条件下，应尽可能合并成一个排气筒（烟囱）"	一般风险	××选煤厂/负责人	××集团	
6	装车站布袋除尘器排气筒设置不规范			建议加高高筛分楼和转车站排气筒高度	/	××选煤厂/负责人	××集团	

165

续表

序号	问题	现场情况	问题判定	要求或建议	环境风险等级	执行部门／责任人	上级监管部门	时间或计划
7	垃圾露天堆放且地面并没有硬化		一般固废与生活垃圾处置方式不合规，建议分类分区收集后，分类处置	加强固体废物全过程管控，结合《一般工业固体废物贮存和填埋污染控制标准》（GB 18599—2020）、《国家危险废物名录（2021年版）》要求，深度排查集团下属企业一般固废和危废类别与清单数量，加强集团内部一般固体废物和危险废物的贮存、转移、处置过程的检查，指导和培训工作，优化固废管理	一般风险	物业公司	××集团	—

续表

序号	问题	现场情况	问题判定	要求或建议	环境风险等级	执行部门/责任人	上级监管部门	时间或计划
8	危废处置不合规	危废暂存库门口露天堆放	危废未及时入库，危废库标识不符合要求	建议：加强危废监督。根据《国家危险废物目录（2021版）》要求，全面梳理排查现有危废种类、数量、台账管理情况，加强监督检查，各环节产生危废及时入库，禁止露天堆放；开展危废标识技术指导。参考《危险废物贮存污染控制标准》（征求意见稿）中对标识和贮存容器的要求，全面梳理危废标识和贮存问题；	重大风险	××选煤厂/负责人	××集团	—

续表

序号	问题	现场情况	问题判定	要求或建议	环境风险等级	执行部门/责任人	上级监管部门	时间或计划
8	危废处置不合规	危废暂存库门口露天堆放	危废未及时入库，危废库标识不符合要求	科学开展危险废物"点对点"定向利用豁免研究工作。结合《国家危险废物名录（2021年版）》要求：在环境风险可控的前提下，根据省级生态环境部门确定的方案，实行危险废物"点对点"定向利用，即：一家单位产生的一种危险废物，可作为另外一家单位环境治理或工业原料生产的替代原料进行使用的危险废物，开展综合利用危险废物综合利用风险评估，制定危险废物综合利用降低风险方案，全面降低置量和处置过程风险	重大风险	××选煤厂/负责人	××集团	—
9	排矸点无防尘措施		落矸点未按照政府要求全封闭，存在煤粉生污染的环境风险	做好治理项目土地、环评、水保以及进场"三通一平"等工作，并及时向属地政府环保部门汇报；严禁向属地政府区域生产、生活、污泥等固体废物进入排矸场	一般风险	××选煤厂矸石组	××集团	—

续表

序号	问题	现场情况	问题判定	要求或建议	环境风险等级	执行部门/责任人	上级监管部门	时间或计划
10	锅炉灰渣场半封闭		锅炉灰渣场处于半封闭状态	粉状物料建议全封闭处置	一般风险	××选煤厂+物业公司	××集团	—
11	强制性清洁生产审核	企业已完成2轮清洁生产审核，但未起到清洁生产节能高效的实际作用，清洁生产审核工作不扎实，清洁生产能耗指标原煤吨能耗上升综合能耗上升	现场跑冒滴漏问题较多，存在高耗能落后能的电机、泵、三相异步电动机、风机等没有淘汰	严格落后淘汰。由生产部门按照国家发改委《产业结构调整指导目录（2019年本）》、工信部《高耗能落后机电设备（产品）淘汰目录》（第一批～第四批）要求，进行排查，加快淘汰落后机电设备，或者改造为具有变频功能的电机、泵、三相异步电动机、风机等；开展清洁生产审核检查评估。根据《关于深入推进重点行业清洁生产审核的通知》（环办科财〔2020〕27号）修订清洁生产审核制度，开展清洁生产审核效果评估和督查审查，清洁生产审核检查工作可研究制定《清洁生产审核监督检查工作指导手册》	一般风险	××煤矿+选煤厂	××集团	—